子どもと楽しむ

草花のひみつ

稲垣栄洋

ヒダカナオト
〔絵〕

はじめに

「知《し》る」ことは「感《かん》じる」ことの半分《はんぶん》も重要《じゅうよう》ではありません。

レイチェル・カーソンは「センス・オブ・ワンダー」の中《なか》で、そう記《しる》しました。

子《こ》どもたちとお散歩《さんぽ》に出《で》かければ、花《はな》を咲《さ》かせる植物《しょくぶつ》や、そこにうごめく虫《むし》たちや、鳥《とり》の声《こえ》に出会《であ》うことができます。

植物《しょくぶつ》に詳《くわ》しくないから…植物《しょくぶつ》に興味《きょうみ》がないから…

そんな理由《りゆう》で子《こ》どもたちと散歩《さんぽ》に出《で》かけることをためらっているとしたら、それはとても、もったいないことです。

私《わたし》には、苦《にが》い経験《けいけん》があります。

「見《み》てみて、おもしろいもの見《み》つけたよ！」

そう言《い》って、子《こ》どもが奇妙《きみょう》な形《かたち》をしたものをもってきました。そのとき、私《わたし》はこう言《い》ってのけたのです。

「それかい。それはねぇ、ホウネンタワラチビアメバチのまゆだよ」

すると、子《こ》どもから笑顔《えがお》は消《き》え、つまらなそうにどこかに去《さ》ってしまいました。

私《わたし》は間違《まちが》ったことは言《い》っていません。しかし、正解《せいかい》ではありませんでした。

私《わたし》は、どう言《い》えば良《よ》かったのでしょうか。あなたなら、どう言《い》いますか？


子《こ》どもたちは、生《い》き物《もの》です。

太陽《たいよう》の光《ひかり》の下《した》で、自然《しぜん》の中《なか》で、さまざまなものを感《かん》じ取《と》ります。さまざまなものを吸収《きゅうしゅう》していきます。そこには、驚《おどろ》きや感動《かんどう》があります。そして子《こ》どもたちは、成長《せいちょう》していくのです。

「センス・オブ・ワンダー」には、こう書《か》かれています。

「子《こ》どもたちがであう事実《じじつ》のひとつひとつが、やがて知識《ちしき》や知恵《ちえ》を生《う》み出《だ》す種子《しゅし》だとしたら、さまざまな情緒《じょうしょ》やゆたかな感受性《かんじゅせい》は、この種子《しゅし》をはぐくむ肥沃《ひよく》な土壌《どじょう》です。幼《おさな》い子《こ》ども時代《じだい》は、この土壌《どじょう》を耕《たがや》すときです。」

植物《しょくぶつ》に詳《くわ》しくなくてもいいです。興味《きょうみ》がなくてもいいです。子《こ》どもたちと散歩《さんぽ》に出《で》かけてみませんか。そして、子《こ》どもたちと楽《たの》しんでください。子《こ》どもたちと笑《わら》い合《あ》ってください。そして、子《こ》どもたちとホッとしてほしいのです。

この本《ほん》は、そのために書《か》いた本《ほん》です。

もくじ

イラストレーション―ヒダカナオト
ブックデザイン―アルビレオ
編集《へんしゅう》―森哲也《もりてつや》
印刷《いんさつ》―シナノ書籍印刷《しょせきいんさつ》

LAPSANA APOGONOIDES

比《くら》べると鬼《おに》になる

コオニタビラコ

「隣《となり》の○○くんはできるのに、どうしてあなたはできないの？」

そういって叱《しか》りつけた後《あと》、後悔《こうかい》してしまうことがあります。比《くら》べることはいけないことだと知《し》りながら、私《わたし》たちはついつい自分《じぶん》の子《こ》とよその子《こ》とを比較《ひかく》してしまいがちです。しかし、比《くら》べられた子《こ》どもたちはどんな気持《きも》ちなのでしょうか。

比《くら》べられることでかわいそうな目《め》にあってしまった野《の》の花《はな》があります。春《はる》の七草《ななくさ》で「仏《ほとけ》の座《ざ》」と呼《よ》ばれるコオニタビラコです。コオニタビラコは「小鬼《こおに》たびらこ」の意味《いみ》です。

コオニタビラコは、小さな花《はな》を咲《さ》かせるかわいらしい野《の》の草《くさ》なのに、どうして「鬼《おに》」と名《な》づけられているのでしょうか？

もともと、この花《はな》はタビラコ（田平子《たびらこ》）と呼《よ》ばれていました。田《た》んぼに小《ちい》さな葉《は》を平《たい》らに広《ひろ》げているようすからそう名《な》づけられたのです。田《た》んぼの陽《ひ》だまりに咲《さ》く小《ちい》さな花《はな》らしい、かわいらしい名前《なまえ》です。

ところが、田《た》んぼの外《そと》の野原《のはら》には、体《からだ》の大《おお》きなタビラコの仲間《なかま》がいました。花《はな》は小《ちい》さくかわいらしいのですが、タビラコに比《くら》べるとずいぶんと背《せ》が高《たか》く、力強《ちからづよ》く見《み》えます。そのため、この植物《しょくぶつ》は鬼《おに》のように大《おお》きなタビラコだといわれて、オニタビラコ（鬼田平子《おにたびらこ》）と呼《よ》ばれるようになってしまいました。何《なん》とも気《き》の毒《どく》な名前《なまえ》をつけられてしまったものです。

体《からだ》の大《おお》きいオニタビラコはよく目《め》につきます。一方《いっぽう》、田《た》んぼの中《なか》にひっそりと咲《さ》くタビラコは、オニタビラコに比《くら》べるとあまり目立《めだ》ちません。そのためタビラコは、オニタビラコの仲間《なかま》で小《ちい》さなやつだというレッテルを貼《は》られてしまいました。いつの頃《ころ》から か、ついには、小《ちい》さいオニタビラコという意味《いみ》で、コオニタビラコ（小鬼田平子《こおにたびらこ》）という長《なが》い名前《なまえ》をつけられてしまったのです。

タビラコと比《くら》べられて、鬼呼《おによ》ばわりされてしまったオニタビラコ。オニタビラコと比《くら》べられて小鬼《こおに》にされてしまったコオニタビラコ。どちらもかわいらしい花《はな》なのに、比《くら》べられた挙句《あげく》に「鬼《おに》」と「小鬼《こおに》」にされてしまいました。野《の》に咲《さ》くオニタビラコも田《た》んぼに咲《さ》くコオニタビラコも、それぞれ愛《あい》らしい花《はな》を咲《さ》かせる魅力《みりょく》ある野《の》の花《はな》です。けっして比《くら》べることはなかったのです。

コオニタビラコ

僕《ぼく》なんでコオニタビラコなんだろう
僕《ぼく》はなんでオニタビラコなんだろう
大《おお》きいからじゃない？
小《ちい》さいからじゃない？
あっ…
ハハハ……
比《くら》べるってなんだろうね

コオニタビラコってこんな植物《しょくぶつ》

タンポポの花《はな》に似《に》ている？
花《はな》は集合花《しゅうごうか》。
じつはタンポポの仲間《なかま》

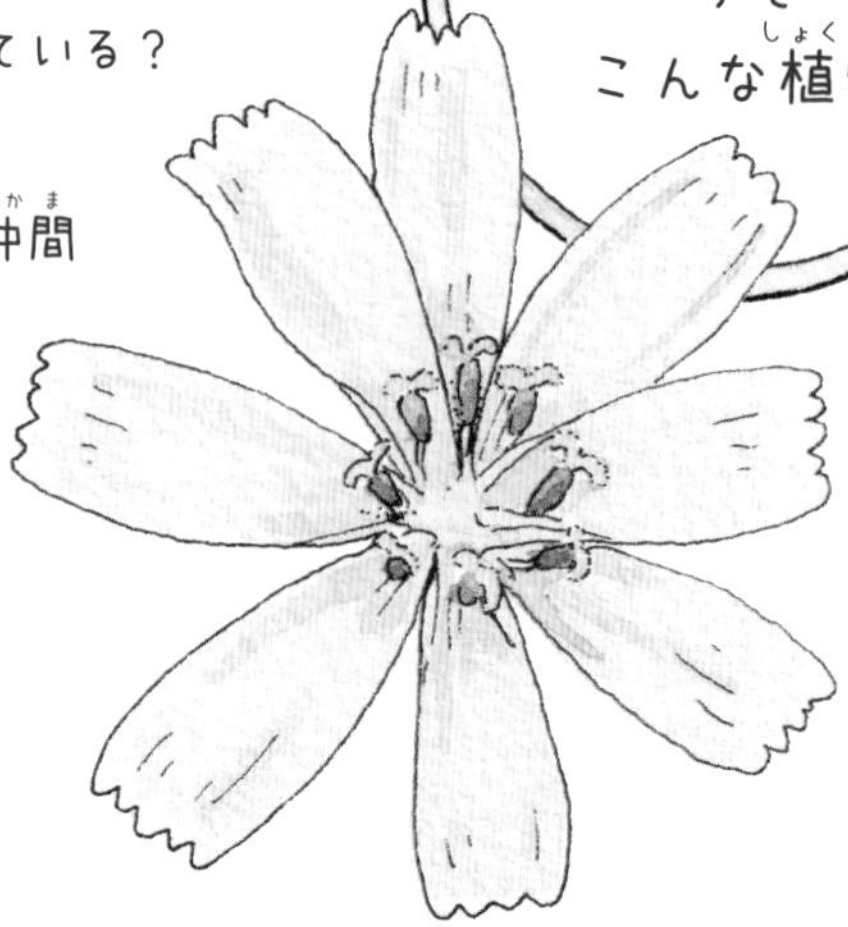

葉《は》が仏像《ぶつぞう》の蓮座《れんざ》に似《に》るため
別名《べつめい》ホトケノザ

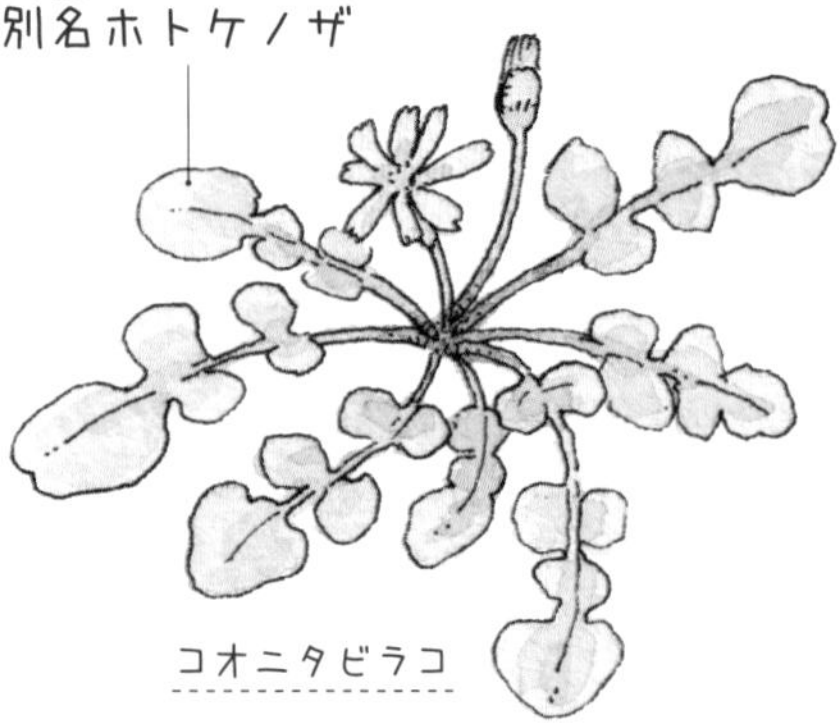

空《あ》き地《ち》や道《みち》ばたなどでよく見《み》られます。大《おお》きなものは1mくらいになりますが、道《みち》ばたでよく見《み》られるのは20〜30cm程度《ていど》。花《はな》をよくみるとなかなかかわいらしいです。キク科《か》の植物《しょくぶつ》だとわかります。こんなにかわいらしい草花《くさばな》なのに、比《くら》べられて「鬼田平子《おにたびらこ》」と鬼呼《おによ》ばわりされてしまいました。

見つけやすさ	★★☆
漢字名	小鬼田平子
英名	nipplewort
別名	仏の座
花期	春〜秋
花言葉	純愛、想い

春《はる》の七草《ななくさ》

「せり、なずな、ごぎょう、はこべら、ほとけのざ、すずな、すずしろ、これぞ七《なな》草《くさ》」の歌《うた》が有名《ゆうめい》です。図鑑《ずかん》の名前《なまえ》では、ごぎょうはハハコグサ（P66）、はこべらはハコベ、ほとけのざがコオニタビラコで、せり、なずな（P162）を含《ふく》む5種類《しゅるい》は田《た》んぼに生《は》える雑草《ざっそう》です。すずなはカブ、すずしろはダイコンです。雑草《ざっそう》と野菜《やさい》が混《ま》ざっているのは奇《き》妙《みょう》な気《き》もしますが、「野菜《やさい》」という言葉《ことば》は、もともと「野《の》に生《は》えている菜《な》っ葉《ぱ》」を意味《いみ》しているのです。

VIOLA MANDSHURICA

種《たね》の旅《たび》立《だ》ち

スミレ

野《の》の花《はな》たちは種《たね》を遠《とお》くへ飛《と》ばそうとさまざまな工夫《くふう》をしています。タンポポは綿毛《わたげ》で種《しゅ》子《し》を遠《とお》くへ飛《と》ばします。オナモミはとげのある実《み》で服《ふく》にくっついて遠《とお》くへ運《はこ》ばれていきます。スミレは熟《じゅく》した実《み》をそり返《かえ》して種子《しゅし》をはじき飛《と》ばします。こうして、植物《しょくぶつ》の種子《しゅし》はまだ見《み》ぬ世界《せかい》へと旅立《たびだ》っていくのです。

ところで、どうして植物《しょくぶつ》は、種子《しゅし》を遠《とお》くへ飛《と》ばすのでしょうか。

その理由《りゆう》のひとつは、分布《ぶんぷ》を広《ひろ》げるためです。種子《しゅし》が遠《とお》くへ行《い》くことで、植物《しょくぶつ》は生活範《せいかつはん》囲《い》を広《ひろ》げていきます。こうして植物《しょくぶつ》は繁栄《はんえい》していくのです。しかし考《かんが》えてみると、遠《とお》くへ旅立《たびだ》った種子《しゅし》が無事《ぶじ》に生育《せいいく》に適《てき》した土地《とち》にたどりつけるとは限《かぎ》りません。それでもなお、種子《しゅし》を旅立《たびだ》たせるのはどうしてなのでしょうか。

じつは、種子《しゅし》を旅立《たびだ》たせるのには、もうひとつ大切《たいせつ》な理由《りゆう》があります。それは子《こ》どもたちを親植物《おやしょくぶつ》からできるだけ離《はな》すためなのです。

親植物《おやしょくぶつ》の近《ちか》くに種子《しゅし》が落《お》ちた場合《ばあい》、最《もっと》も脅威《きょうい》となる存在《そんざい》は親植物《おやしょくぶつ》です。親植物《おやしょくぶつ》が葉《は》を繁《しげ》らせれば、そこは日陰《ひかげ》になってやっと芽生《めば》えた種子《しゅし》は十分《じゅうぶん》に育《そだ》つことはできません。

また、水《みず》や養分《ようぶん》も親《おや》に奪《うば》われてしまいます。親植物《おやしょくぶつ》から分泌《ぶんぴつ》される化学物質《かがくぶっしつ》が、小《ちい》さな芽生《めば》えの生育《せいいく》を抑《おさ》えてしまうこともあります。残念《ざんねん》ながら、親植物《おやしょくぶつ》と子《こ》どもの種子《しゅし》とが必要以上《ひつよういじょう》に一緒《いっしょ》にいることは、むしろ弊害《へいがい》の方《ほう》が大《おお》きいのです。

そのため植物《しょくぶつ》は、子《こ》どもたちを親植物《おやしょくぶつ》から離《はな》れた見知《みし》らぬ土地《とち》へ旅立《たびだ》たせるのです。
まさに「かわいい子《こ》には旅《たび》をさせよ」です。

いつまでも親《おや》のそばにいては、花《はな》を咲《さ》かせることができない。種《たね》を旅立《たびだ》たせる野《の》の花《はな》たちは、親離《おやばな》れ、子離《こばな》れの大切《たいせつ》さをよく知《し》っているのです。

できるだけ遠《とお》くに飛《と》ぶのよ
え！
お母《かあ》さ〜ん
それ！
ビューーン
強《つよ》く生《い》きるのよ…
おっ！
うう…

スミレ
ってこんな植物

弾《はじ》き飛《と》ばされる種《たね》

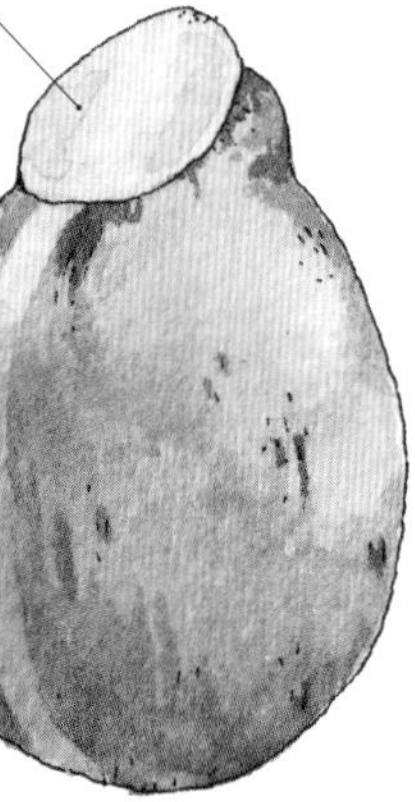
種《たね》の白《しろ》いところが
アリのごちそう

弾《はじ》き飛《と》ばされて、離《はな》れた場《ば》所《しょ》に着地《ちゃくち》するスミレの種《たね》。種《しゅ》子《し》についたごちそうを目当《めあ》てにアリがやってきます。アリは巣《す》の中《なか》へ運《はこ》びこんだごちそうを食《た》べおわると、残《のこ》った種《たね》の部分《ぶぶん》は巣《す》の外《そと》に捨《す》てます。こうしてアリに種《たね》を運《はこ》ばせることに成功《せいこう》したスミレ。都会《とかい》では土《つち》のある道路《どうろ》の割《われ》れ目《め》や、石垣《いしがき》のすきまに種子《しゅし》が捨《す》てられて生《は》えていることが多《おお》いので探《さが》してみよう。

実《じつ》は都会《とかい》に
多《おお》いスミレ

見つけやすさ：★★★

漢字名：菫

英名：violet

別名：すもうとり草

花期：春

花言葉：小さな愛

スミレの種《たね》の大冒険《だいぼうけん》

XANTHIUM STRUMARIUM

似《に》てない兄弟《きょうだい》

オナモミ

兄弟姉妹《きょうだいしまい》なのに、性格《せいかく》が違《ちが》うことがよくあります。

わが家《や》の例《れい》では、私《わたし》には二人《ふたり》の子《こ》どもがいますが、お兄《にい》ちゃんはまじめでしっかり者《もの》なのに対《たい》して、妹《いもうと》は明朗闊達《めいろうかったつ》で天真爛漫《てんしんらんまん》です。同《おな》じように育《そだ》てられているはずなのに、どうしてこんなに違《ちが》うのかと不思議《ふしぎ》でなりません。みなさんのところでは、どうですか。

似《に》てない兄弟《きょうだい》といえば、「ひっつき虫《むし》」の名《な》でよく知《し》られるオナモミもそうです。

オナモミの実《み》は、よく子《こ》どもたちの遊《あそ》び道具《どうぐ》になります。子《こ》どもたちはとげとげしたオナモミの実《み》を投《な》げ合《あ》ったり、服《ふく》にくっつけて模様《もよう》を作《つく》ったりして遊《あそ》びます。

誰《だれ》でも知《し》っているオナモミですが、この実《み》を割《わ》って中身《なかみ》を見《み》たことがある人《ひと》は少《すく》ないでしょう。

オナモミの実《み》の中《なか》には、細長《ほそなが》いふたつの種子《しゅし》が入《はい》っています。仲良《なかよ》く並《なら》んでいるふたつの種子《しゅし》ですが、それぞれ違《ちが》った性格《せいかく》を持《も》っています。大《おお》きい種子《しゅし》は先《さき》に芽《め》を出《だ》すせっかち屋《や》のお兄《にい》さん。これに対《たい》して小《ちい》さい種子《しゅし》はすぐには芽《め》を出《だ》さずに、後《あと》から遅《おく》れて芽《め》を出《だ》すのんびり屋《や》の弟《おとうと》です。どうして同《おな》じ実《み》の中《なか》にこんなにも違《ちが》う種子《しゅし》が同居《どうきょ》しているのでしょう。

オナモミの実《み》は人間《にんげん》の衣《い》服《ふく》や動物《どうぶつ》の毛《け》にくっついて、見《み》知《し》らぬ土《と》地《ち》へと運《はこ》ばれていきます。環境《かんきょう》の違《ちが》う新《あたら》しい土《と》地《ち》で生《い》きていくためには、いつ芽《め》を出《だ》せばいいのかわかりません。そのため、早《はや》く芽《め》を出《だ》す種子《しゅし》と後《あと》から芽《め》を出《だ》す種子《しゅし》の両方《りょうほう》を用意《ようい》しているのです。

性格《せいかく》の違《ちが》うふたつの種子《しゅし》。どちらが優秀《ゆうしゅう》で、どちらが劣《おと》っているとは言《い》えません。そうではなく、いろいろな性格《せいかく》があることがオナモミにとってすばらしいことなのです。

すべての子《こ》どもたちは、みんな個性豊《こせいゆた》かに伸《の》び伸《の》びと育《そだ》ってほしい。オナモミの実《み》はきっとそう願《ねが》っているに違《ちが》いありません。

オナモミ

オナモミ
って
こんな植物

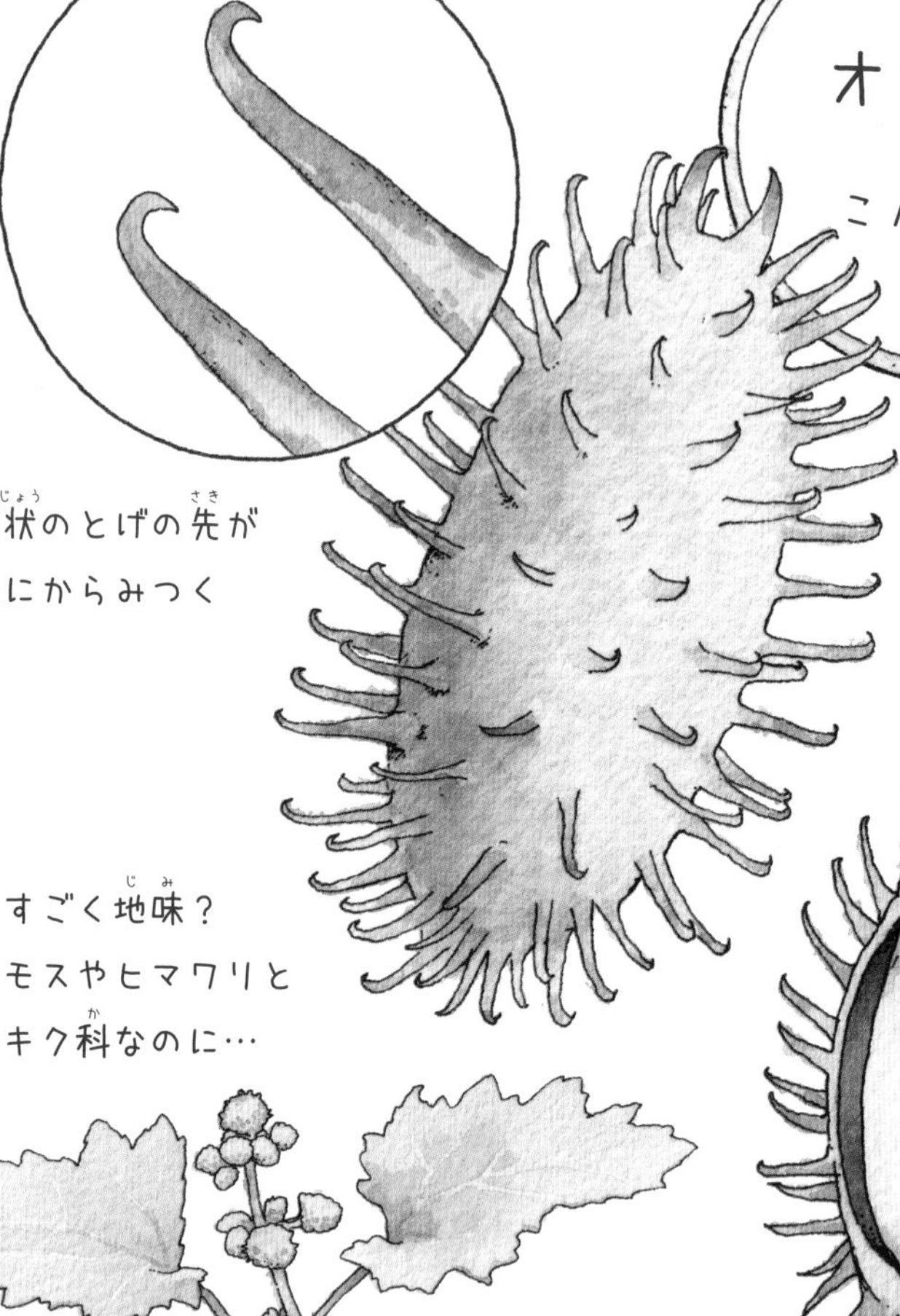

かぎ状《じょう》のとげの先《さき》が
衣服《いふく》にからみつく

花《はな》はすごく地味《じみ》？
コスモスやヒマワリと
同《おな》じキク科《か》なのに…

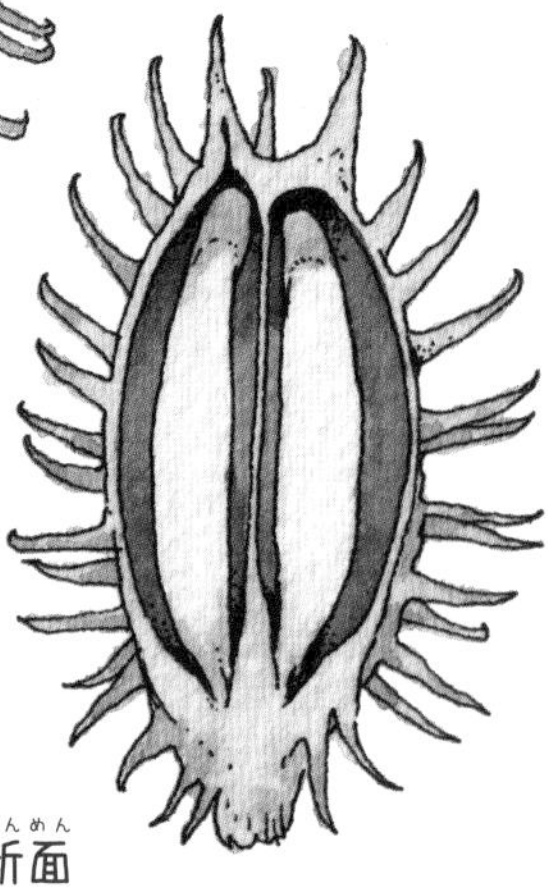

実《み》の断面《だんめん》
大《おお》きさの違《ちが》う実《み》がふたつ

オナモミの花《はな》は、緑色《みどりいろ》をしていてまったく目立《めだ》ちません。花《はな》というよりは実《み》のような姿《すがた》をしています。虫《むし》を呼《よ》び寄《よ》せずに、風《かぜ》で花粉《かふん》を運《はこ》ぶので、花《はな》を目立《めだ》たせる必要《ひつよう》がないのです。この花《はな》がどのようにして、あのトゲトゲした実《み》になるのでしょうか。観察《かんさつ》してみるとおもしろそうです。

見つけやすさ：★☆☆

漢字名：葈耳

英名：common cocklebur

別名：ひっつき虫

花期：夏～秋

花言葉：頑固、粗暴、怠惰

植物《しょくぶつ》のとげから　あの発明《はつめい》が……

オナモミは代表的《だいひょうてき》なひっつき虫《むし》です。手裏剣《しゅりけん》ごっこをしたり、模様《もよう》を作《つく》ったり、オナモミはさまざまな遊《あそ》び方《かた》ができます。オナモミの実《み》は、くっつけたり、ひき離《はな》したり、またくっつけたりして、何度《なんど》でも遊《あそ》ぶことができるのです。このオナモミの実《み》のしくみが、皆《みな》さんがよく知《し》る発明品《はつめいひん》のヒントになりました。何《なん》だかわかりますか？　じつはスイスの発明家《はつめいか》がオナモミと同《おな》じとげの構造《こうぞう》のヤマゴボウの種子《しゅし》から面《めん》ファスナー（マジックテープ）を発明《はつめい》しました。

POA ANNUA

さわりすぎると成《せい》長《ちょう》しない

スズメノカタビラ

ゴルフ場《じょう》の芝《しば》はきれいに刈《か》りそろえられています。特《とく》にグリーンと呼《よ》ばれるボールを最《さい》後《ご》に入《い》れる穴《あな》の開《あ》けられた場所《ばしょ》はとてもきれいです。芝生《しばふ》をきれいに保《たも》つには、何度《なんど》も何《なん》度《ど》も芝刈《しばか》りをする必要《ひつよう》があります。グリーンの上《うえ》ではわずか五《ご》ミリメートルの高《たか》さに刈《か》り揃《そろ》えられているそうです。

ところが、このグリーンに生《は》える雑草《ざっそう》があります。スズメノカタビラです。スズメノカタビラは、もともとは二〇《にじゅっ》センチメートル以上《いじょう》に伸《の》びます。ところが、グリーンの上《うえ》では草丈《くさたけ》はほとんど伸《の》びることなく、小《ち》さいままで穂《ほ》を出《だ》してしまいます。

植物《しょくぶつ》は、障害物《しょうがいぶつ》などで成長《せいちょう》が妨《さまた》げられると、逆《さか》らうことなく、自《みずか》らの成長《せいちょう》を止《と》めてしまいます。スズメノカタビラは草刈《くさか》りの刺激《しげき》を受《う》けて、伸《の》びないようになるのです。不思《ふし》議《ぎ》なことに、ゴルフ場《じょう》のスズメノカタビラから種子《しゅし》を取《と》ってきて育《そだ》てても、やっぱり大《おお》きくなりません。大《おお》きくなっても得《とく》にならない環境《かんきょう》にずっといたので、伸《の》び伸《の》びと育《そだ》つことができなくなってしまったのです。

ゴルフ場《じょう》にはグリーン以外《いがい》にも、フェアウェイやラフなど刈《か》り込《こ》みの高《たか》さの違《ちが》う環境《かんきょう》があり、場所《ばしょ》ごとに違《ちが》う高《たか》さで草刈《くさか》りが行《おこな》われます。これらの場所《ばしょ》からスズメノカタビラの種子《しゅし》を取《と》ってきて育《そだ》ててみると、どれも、刈《か》り込《こ》まれる高《たか》さで穂《ほ》をつけます。障害《しょうがい》があれば、伸《の》びることをやめてしまう。それが、スズメノカタビラの生《い》き残《のこ》るための戦略《せんりゃく》です。

このようなことは、雑草《ざっそう》以外《いがい》でも見《み》られます。

たとえば、よく鉢植《はちう》えの花《はな》をかわいがってなでていると、かわいらしくコンパクトに育《そだ》つといわれます。なでられることは、植物《しょくぶつ》にとっては、草刈《くさか》りと同《おな》じ障害《しょうがい》となる刺激《しげき》です。そのため、なでられることがストレスとなって植物《しょくぶつ》が伸《の》びるのをやめてしまうのです。植《しょく》物《ぶつ》は自《みずか》ら成長《せいちょう》する力《ちから》を持《も》っています。かわいがっていたつもりが、じつは成長《せいちょう》を邪魔《じゃま》していたのです。

みなさんは、鉢植《はちう》えの花《はな》をどのように育《そだ》てたいのでしょうか。

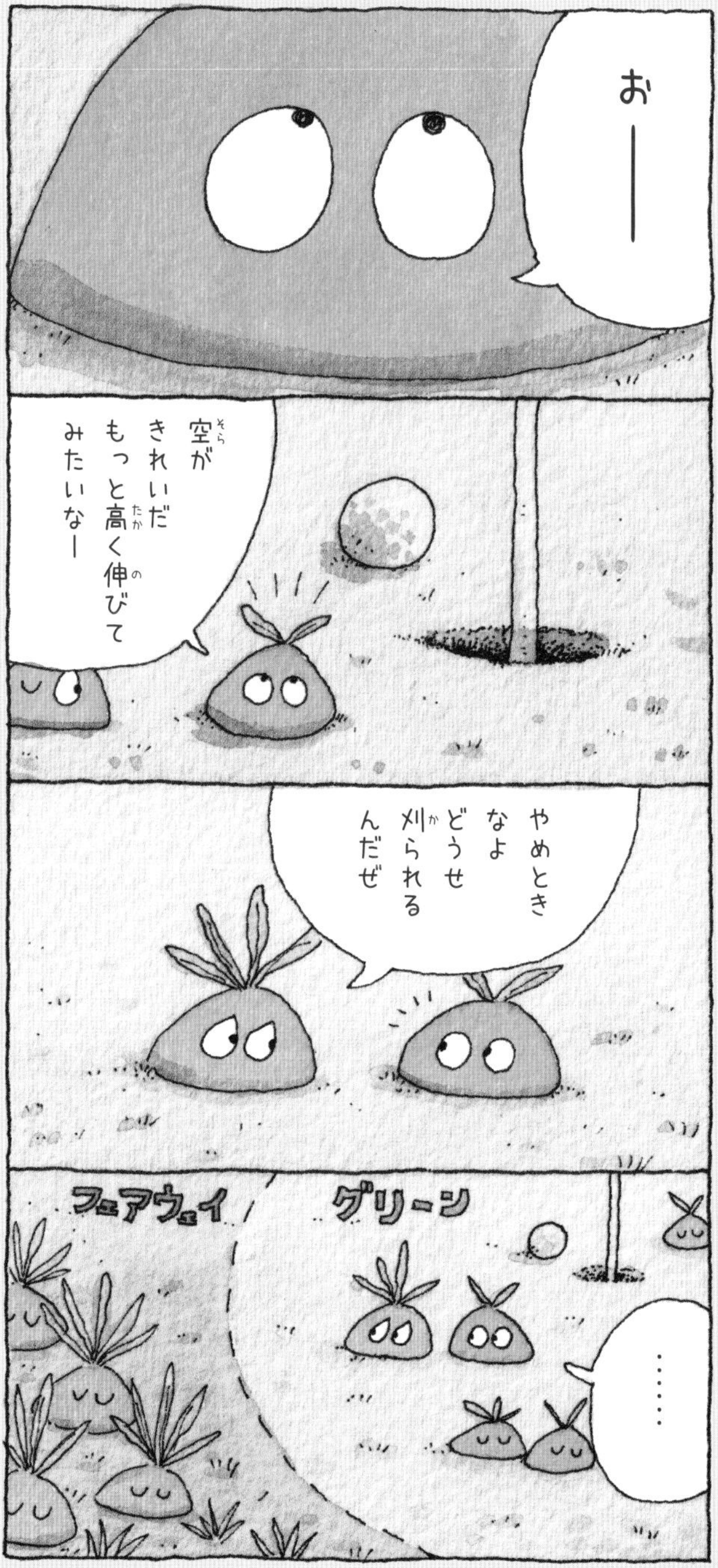
おー
空《そら》がきれいだ
もっと高《たか》く伸《の》びてみたいなー
やめときなよ
どうせ刈《か》られるんだぜ
フェアウェイ
グリーン
……

スズメノカタビラ ってこんな植物

穂《ほ》の小穂《しょうすい》が
スズメの着物《きもの》に
見立《みた》てられた

帷子《カタビラ》は着物《きもの》のこと

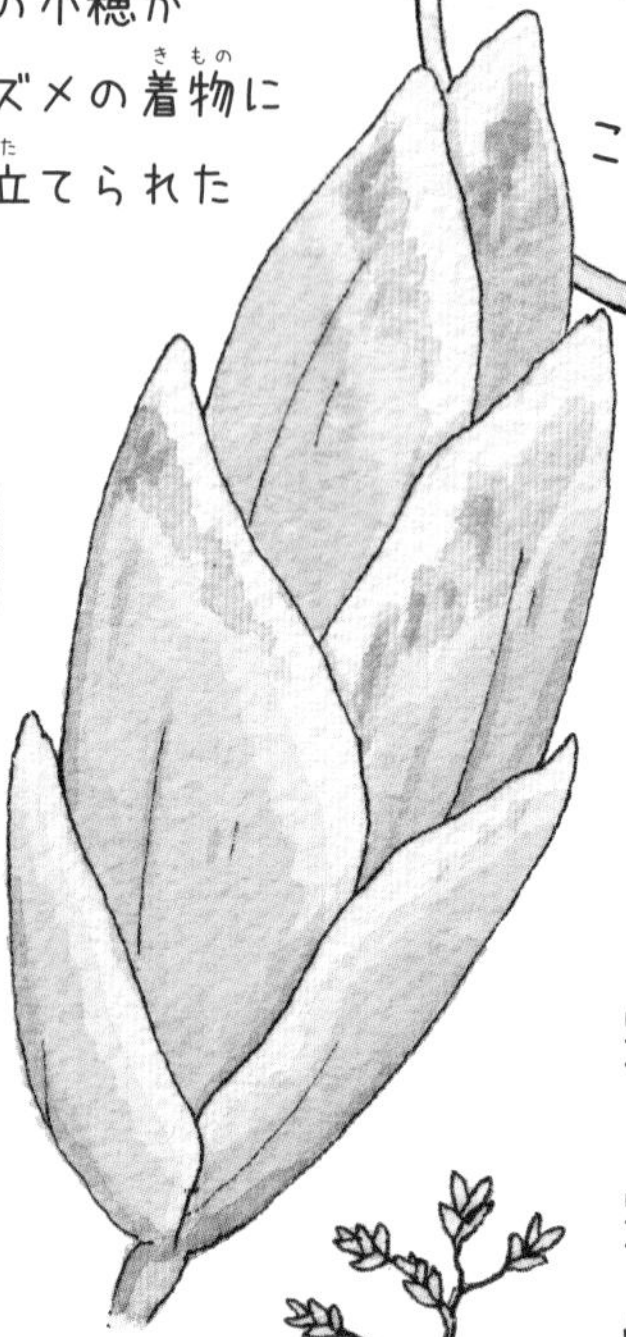

花《はな》びらがなくて
目立《めだ》たなくても
花《はな》には雄《お》しべも
雌《め》しべもある

どこにでも生《は》えていて、季節《きせつ》を問《と》わず穂《ほ》を出《だ》しているのに、誰《だれ》も見《み》向《む》きもしません。まさに、「名《な》も無《な》い雑草《ざっそう》」の代表格《だいひょうかく》です。こんな目《め》立《だ》たない小《ち》さな雑草《ざっそう》なのに、小《ち》さな穂《ほ》をスズメの着物《きもの》にたとえるなんて、昔《むかし》の人《ひと》の観察力《かんさつりょく》には感心《かんしん》させられます。

見つけやすさ：★★★

漢字名：雀の帷子

英名：annual bluegrass

別名：花火草、ほこり草

花期：春～秋

花言葉：わたしを踏まないで

鳥《とり》の名前《なまえ》がつく草花《くさばな》たち

スズメノカタビラ以外《いがい》にも鳥《とり》の名前《なまえ》がつく草花《くさばな》があります。じつはカラスノエンドウとスズメノエンドウの中間《ちゅうかん》の大《おお》きさの草花《くさばな》があるのですがなんという名前《なまえ》でしょうか？　ハト？　ムクドリ？　答えはカスマグサです。「か」と「す」の間《あいだ》だからという意味《いみ》でざんねんながら鳥《とり》の名《な》前《まえ》ではありません。鳥《とり》の名前《なまえ》がうまく浮《う》かばなかったのでしょうか…。

大名行列《だいみょうぎょうれつ》の
毛槍《けやり》みたいだから
スズメノヤリ
穂《ほ》が真《ま》っ直《す》ぐで
鉄砲《てっぽう》のようだから
スズメノテッポウ
カラスムギ(烏麦)を
改良《かいりょう》した品種《ひんしゅ》がエンバク(燕麦)

実《み》が黒《くろ》いから
カラスノエンドウ
カラスより
小《ちい》さいから
スズメノエンドウ
ホトトギスの
お腹《なか》に似《に》ているから
ホトトギス

OXALIS CORNICULATA

強《つよ》すぎる
光《ひかり》は…

カタバミ

太陽《たいよう》の光《ひかり》は、植物《しょくぶつ》の生育《せいいく》にとって欠《か》かせない大切《たいせつ》なものです。あらゆる植物《しょくぶつ》が光《ひかり》を求《もと》めて茎《くき》を伸《の》ばします。

道端《みちばた》に生《は》えるカタバミの葉《は》は、夜《よる》になって太陽《たいよう》の光《ひかり》がなくなると葉《は》を垂《た》らして閉《と》じてしまいます。ところが、です。カタバミは太陽《たいよう》の光《ひかり》が十分《じゅうぶん》にあたるはずの昼間《ひるま》にも葉《は》を閉《と》じてしまうことがあります。

どうして大切《たいせつ》な太陽《たいよう》の光《ひかり》を拒《こば》むかのように、わざわざ葉《は》を閉《と》じてしまうのでしょうか？太陽《たいよう》の光《ひかり》は植物《しょくぶつ》の成長《せいちょう》になくてはならないものです。ところが強《つよ》すぎる太陽《たいよう》の光《ひかり》は、植物《しょくぶつ》にとっては困《こま》った存在《そんざい》なのです。植物《しょくぶつ》の行《おこな》う光合成《こうごうせい》の能力《のうりょく》は、光《ひかり》が強《つよ》ければ強《つよ》いほど高《たか》まりますが、ある程度《ていど》以上《いじょう》の光《ひかり》があっても、それ以上《いじょう》に高《たか》まることはありません。植物《しょくぶつ》の能《のう》力《りょく》を超《こ》えてしまうからです。むしろ、強《つよ》すぎる光《ひかり》は植物《しょくぶつ》の葉《は》の組織《そしき》を傷《きず》つけてしまいます。私《わたし》たち人間《にんげん》の皮膚《ひふ》が日焼《ひや》けでただれてしまうのと同《おな》じです。そのため、カタバミは太陽《たいよう》の光《ひかり》を拒《こば》んで閉《と》じてしまうのです。

明《あか》るい光《ひかり》と暖《あたた》かなぬくもりを与《あた》えてくれる太陽《たいよう》の光《ひかり》は、「親《おや》の愛《あい》」のようなものです。

太陽《たいよう》の光《ひかり》がなければ、草花《くさばな》たちは育《そだ》つことができずに、枯《か》れてしまいます。子《こ》どもたちにとっての親《おや》の愛《あい》は、太陽《たいよう》そのものです。

しかし、強《つよ》すぎる光《ひかり》は草花《くさばな》に何《なに》も与《あた》えないばかりか、光《ひかり》を求《もと》める植物《しょくぶつ》さえも傷《きず》つけてしまいます。私《わたし》たち親《おや》の愛《あい》は、行《い》き過《す》ぎて子《こ》どもたちを傷《きず》つけてしまうことはないでしょうか。

光《ひかり》は弱《よわ》すぎても、強《つよ》すぎても上手《じょうず》に育《そだ》たない。植物《しょくぶつ》を育《そだ》てるというのは、難《むずか》しいものです。

もちろん、太陽《たいよう》の光《ひかり》がなくては、植物《しょくぶつ》は生《い》きていくことはできません。暖《あたた》かなやわらかい光《ひかり》が降《ふ》り注《そそ》いだとき、カタバミは葉《は》をいっぱいに広《ひろ》げ、再《ふたた》びそのかわいらしいハート型《がた》の葉《は》っぱを見《み》せてくれるのです。

ん？
ジリ
ジリ
アチッ！
アチッ！
よう
危《あぶ》なかった
なあ
ハァ…
ハァ…

カタバミってこんな植物

葉《は》っぱはキレイなハート型《がた》

眠《ねむ》ると半分《はんぶん》食《た》べられたようになるので「片喰み（カタバミ）」

家紋《かもん》に使《つか》われるカタバミ

きれいな花《はな》はいくらでもあるのに、こんな雑草《ざっそう》を家《いえ》のシンボルにするセンスってすごいと思《おも》いませんか？　カタバミはやっかいな雑草《ざっそう》で、抜《ぬ》いても抜《ぬ》いても絶《た》えることなく、増《ふ》えていきます。昔《むかし》の人《ひと》はそんな雑草《ざっそう》に困《こま》りながらも、小《ちい》さな雑草《ざっそう》の中《なか》に強《つよ》さを見《み》いだしていたのです。

見つけやすさ：★★★　**漢字名：**片喰　**英名：**sorrel　**別名：**黄金草、鏡草

花期：春〜秋　**花言葉：**輝く心、喜び

好《す》きな人《ひと》が鏡《かがみ》にうつる!? カタバミの伝説《でんせつ》

カタバミの葉《は》は、シュウ酸《さん》を含《ふく》むので葉《は》をもんで十円《じゅうえん》玉《だま》を磨《みが》くと、驚《おどろ》くほどピカピカになります。昔《むかし》は、このカタバミを金属《きんぞく》や鏡《かがみ》を磨《みが》くのに利用《りよう》しました。そのため、「黄金草《こがねぐさ》」や「鏡草《かがみぐさ》」などの別名《べつめい》もあります。カタバミで鏡《かがみ》を磨《みが》くと好《す》きな人《ひと》の顔《かお》が鏡《かがみ》に映《うつ》るという伝説《でんせつ》もあります。本当《ほんとう》でしょうか？

花言葉《はなことば》は輝《かがや》く心《こころ》、鏡《かがみ》を磨《みが》くことで心《こころ》も輝《かがや》くのです。

SETARIA VIRIDIS

遊《あそ》びの力《ちから》

エノコログサ

植物《しょくぶつ》には花言葉《はなことば》があります。

「遊《あそ》び」という花言葉《はなことば》を持《も》つ植物《しょくぶつ》があります。エノコログサです。エノコログサは花《はな》らしい花《はな》を咲《さ》かせない、どこにでもある雑草《ざっそう》ですが、雑草《ざっそう》にも花言葉《はなことば》はあるのです。

エノコログサの語源《ごげん》は「犬《いぬ》ころ草《くさ》」です。そのふさふさした穂《ほ》が犬《いぬ》のしっぽに似《に》ていることから、そう名《な》づけられました。英語《えいご》ではフォックステイル（キツネのしっぽ）と言《い》います。日本語《にほんご》と英語《えいご》で言葉《ことば》が違《ちが》ってもエノコログサを見《み》たときのイメージはいっしょなのがうれしい気《き》がします。穂《ほ》を揺《ゆ》らすと猫《ねこ》がじゃれるので、「ねこじゃらし」の別名《べつめい》も。

人間《にんげん》の子《こ》どもたちもエノコログサで遊《あそ》びます。もじゃもじゃ毛《け》の生《は》えた穂《ほ》を毛虫《けむし》に見立《みた》てて遊《あそ》んだり、友《とも》だちの背中《せなか》に入《い》れていたずらしたり、子《こ》どもたちに人気《にんき》のねこじゃらし。まさに「遊《あそ》び」という花言葉《はなことば》がぴったりです。

放《ほう》っておけば、子《こ》どもたちはいつまでも遊《あそ》んでいます。そんな子《こ》どもたちをみると、つい「遊《あそ》んでばかりいないで勉強《べんきょう》しなさい」と怒鳴《どな》ってしまいます。しかし、昔《むかし》の人《ひと》は「子《こ》どもは遊《あそ》ぶのが仕事《しごと》だ」といって、子《こ》どもたちが元気《げんき》に外《そと》で遊《あそ》ぶことを喜《よろこ》びました。昔《むかし》の子《こ》どもたちはたくさん遊《あそ》びましたが、今《いま》そんな余裕《よゆう》はないかもしれません。

人間《にんげん》だけでなく、動物《どうぶつ》でも子《こ》どもたちはよく遊《あそ》びます。じゃれたり、まねをしたり、いろいろなことに挑戦《ちょうせん》しながら、生《い》きるための知恵《ちえ》を身《み》につけているのです。子《こ》どもにとって「遊《あそ》び」とは、いったい何《なん》なのでしょうか。

遊《あそ》ぶことは、試行錯誤《しこうさくご》を繰《く》り返《かえ》し、さまざまな経験《けいけん》を積《つ》むことです。動物《どうぶつ》の子《こ》どもたちは、遊《あそ》びを通《とお》して生《い》きるために必要《ひつよう》な知恵《ちえ》を学《まな》んでいきます。それが「遊《あそ》び」の力《ちから》です。

「オボエル」という言葉《ことば》は「体験《たいけん》する」ということが本来《ほんらい》の意味《いみ》だそうです。いつまでも飽《あ》きずに川《かわ》に石《いし》を投《な》げてみたり、アリの行列《ぎょうれつ》をじっと眺《なが》めていたり、よそ見《み》をして歩《ある》いていたり、ちょっかいを出《だ》したり、いたずらをしてみたり、急《きゅう》に走《はし》り出《だ》してみたり。子《こ》どもたちが夢中《むちゅう》になること、子《こ》どもたちが興味《きょうみ》を持《も》つことは、私《わたし》たち大人《おとな》にとってはあまり価《か》値《ち》のないことばかりです。むしろ、大人《おとな》の行動《こうどう》を制限《せいげん》する面倒《めんどう》くさいことが大半《たいはん》です。しかし、それは子《こ》どもたちにとっては生《い》きるために必要性《ひつようせい》がある情報《じょうほう》を読《よ》みとろうとしていることなのかもしれません。

そろそろ帰《かえ》るわよー
はーい
!
ママー!毛虫《けむし》がいる!
キャーッ!!
もーいいかげんにしなさい!

エノコログサってこんな植物

穂《ほ》の毛《け》はどこについている？

ふつうは種子《しゅし》に毛《け》がついているけど、エノコログサは種《たね》の根元《ねもと》から毛《け》が出《で》ていて種子《しゅし》を害虫《がいちゅう》から守《まも》る

色違《いろちが》いのエノコログサ

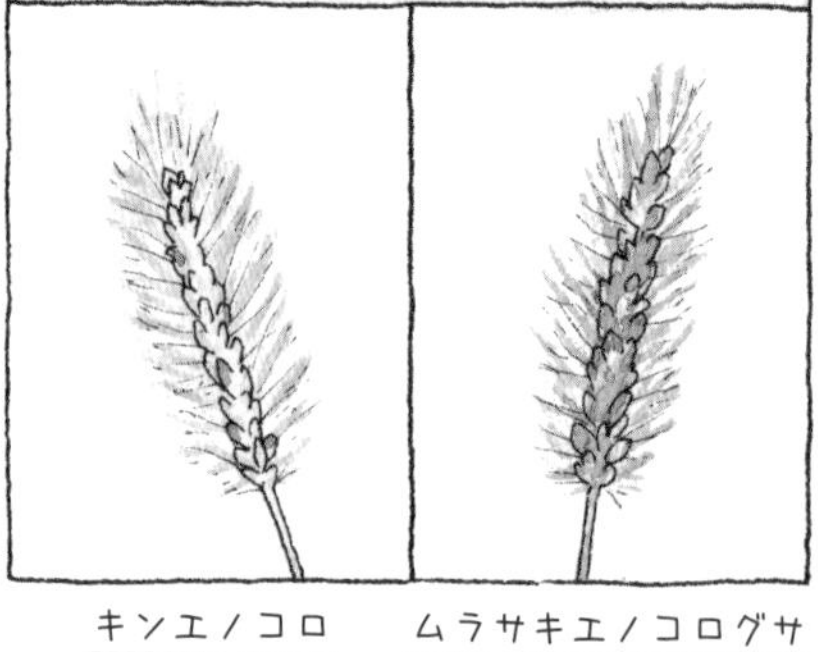

キンエノコロ　ムラサキエノコログサ

植物界《しょくぶつかい》のスポーツカー？

多《おお》くの植物《しょくぶつ》は、暑《あつ》すぎるとへばりますが、エノコログサは元気《げんき》いっぱい！なぜなのでしょう？

エノコログサは珍《めずら》しく種《たね》の根元《ねもと》から毛《け》が出《で》ていて種子《しゅし》を害虫《がいちゅう》から守《まも》っています。また、多《おお》くの植物《しょくぶつ》は、暑《あつ》すぎるとへばりますが、エノコログサはC4回路《しーよんかいろ》というスポーツカーのターボエンジンのような光合成《こうごうせい》の特別《とくべつ》なしくみを持《も》ち、暑《あつ》い日《ひ》も元気《げんき》に生《お》い茂《しげ》ります。

見つけやすさ：★★★

漢字名：狗尾草

英名：foxtail grass

別名：ねこじゃらし

花期：夏〜秋

花言葉：遊び、愛嬌

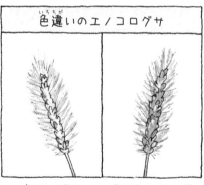

鼻《はな》と口《くち》の間《あいだ》に
はさんでヒゲの
できあがり
手《て》でニギニギすると
毛虫《けむし》のように
這《は》い出《で》てきます
穂《ほ》でうさぎを
つくることも
できます

エノコログサの遊《あそ》び

エノコログサの穂《ほ》を手《て》にすれば、大人《おとな》たちでさえ失《うしな》いかけた、「子《こ》ども時代《じだい》のしっぽ」を思《おも》い出《だ》さずにいられません。エノコログサはそんな魔法《まほう》の杖《つえ》のような素敵《すてき》な草《くさ》です。エノコログサは子《こ》どもたちの遊《あそ》び心《ごころ》を刺激《しげき》しますが、役《やく》に立《た》たない草《くさ》です。しかし、その昔《むかし》、そんなエノコログサを改良《かいりょう》して、ある作物《さくもつ》が作《つく》られました。何《なん》だかわかりますか？それは、健康食《けんこうしょく》としても人《にん》気《き》の雑穀《ざっこく》のアワです。高温《こうおん》や乾燥《かんそう》に強《つよ》く、荒《あ》れ地《ち》で作《つく》られたのです。

CYPERUS MICROIRIA

子《こ》どもたちの感性《かんせい》

カヤツリグサ

畑《はたけ》や道端《みちばた》によく生《は》えるカヤツリグサの名前《なまえ》は、「蚊帳《かや》吊《つ》り草《ぐさ》」という意味《いみ》です。蚊帳《かや》というのは、蚊《か》が入《はい》ってくるのを防《ふせ》ぐために、部屋《へや》に四方《しほう》に吊《つ》るした箱状《はこじょう》の網《あみ》です。ジブリ映画《えいが》の「となりのトトロ」で蚊帳《かや》を吊《つ》って寝《ね》るシーンを見《み》たことがある人《ひと》もいるかもしれません。

どうして、この草《くさ》はカヤツリグサというのでしょうか？　どんなにカヤツリグサを眺《なが》めてもその答《こた》えはわかりません。

カヤツリグサを使《つか》った子《こ》どもたちの遊《あそ》びがあります。カヤツリグサの茎《くき》は三角形《さんかくけい》をしています。この茎《くき》の両端《りょうたん》を二人《ふたり》で持《も》って、それぞれ別《べつ》の面《めん》を引《ひ》き裂《さ》いていくと、茎《くき》は切《き》れずに広《ひろ》がって四角形《しかくけい》ができるのです。空間図形《くうかんずけい》の魔法《まほう》を見《み》ているような不思議《ふしぎ》さです。この四角形《しかくけい》が蚊帳《かや》を吊《つ》ったような形《かたち》に見《み》えるので、蚊帳《かや》吊《つ》り草《ぐさ》と呼《よ》ばれているのです。

この遊《あそ》びは、テレビゲームのように一人《ひとり》ではできません。さらに、二人《ふたり》で息《いき》を合《あ》わせなければ途中《とちゅう》で切《き》れてしまいます。そのためカヤツリグサには「なかよし草《ぐさ》」というすてきな別名《べつめい》があります。上手《じょうず》に四角形《しかくけい》ができれば、なかよしということなのです。

カヤツリグサの名前《なまえ》は、植物学者《しょくぶつがくしゃ》では思《おも》いつきません。子《こ》どもたちの遊《あそ》びがつけた名前《なまえ》です。

名前《なまえ》の由来《ゆらい》がおもしろい植物《しょくぶつ》はいろいろとあります。たとえば、タンポポはどうでしょうか。これには諸説《しょせつ》ありますが、もっとも有力《ゆうりょく》な説《せつ》ではタンポンポンという鼓《つづみ》の音《おと》に由来《ゆらい》すると言《い》われています。しかし、タンポポと鼓《つづみ》の音《おと》とで、いったいどのような関係《かんけい》があるのでしょうか。

タンポポの茎《くき》の両端《りょうたん》を切《き》って、切《き》り口《くち》に切《き》れ込《こ》みを入《い》れて水《みず》につけると、切《き》り込《こ》みが丸《まる》く反《そ》り返《かえ》ります。昔《むかし》の子《こ》どもたちは、それに軸《じく》を通《とお》して風車《ふうしゃ》や水車《すいしゃ》を作《つく》って遊《あそ》びました。じつは、両端《りょうたん》が反《そ》り返《かえ》ったこの水車《すいしゃ》の形《かたち》が鼓《つづみ》に似《に》ていることから「タンポンポン」と子《こ》どもたちに呼《よ》ばれるようになり、やがてタンポポになったとされているのです。

子《こ》どもたちが持《も》つ感性《かんせい》の豊《ゆた》かさには、本当《ほんとう》に脱帽《だつぼう》です。

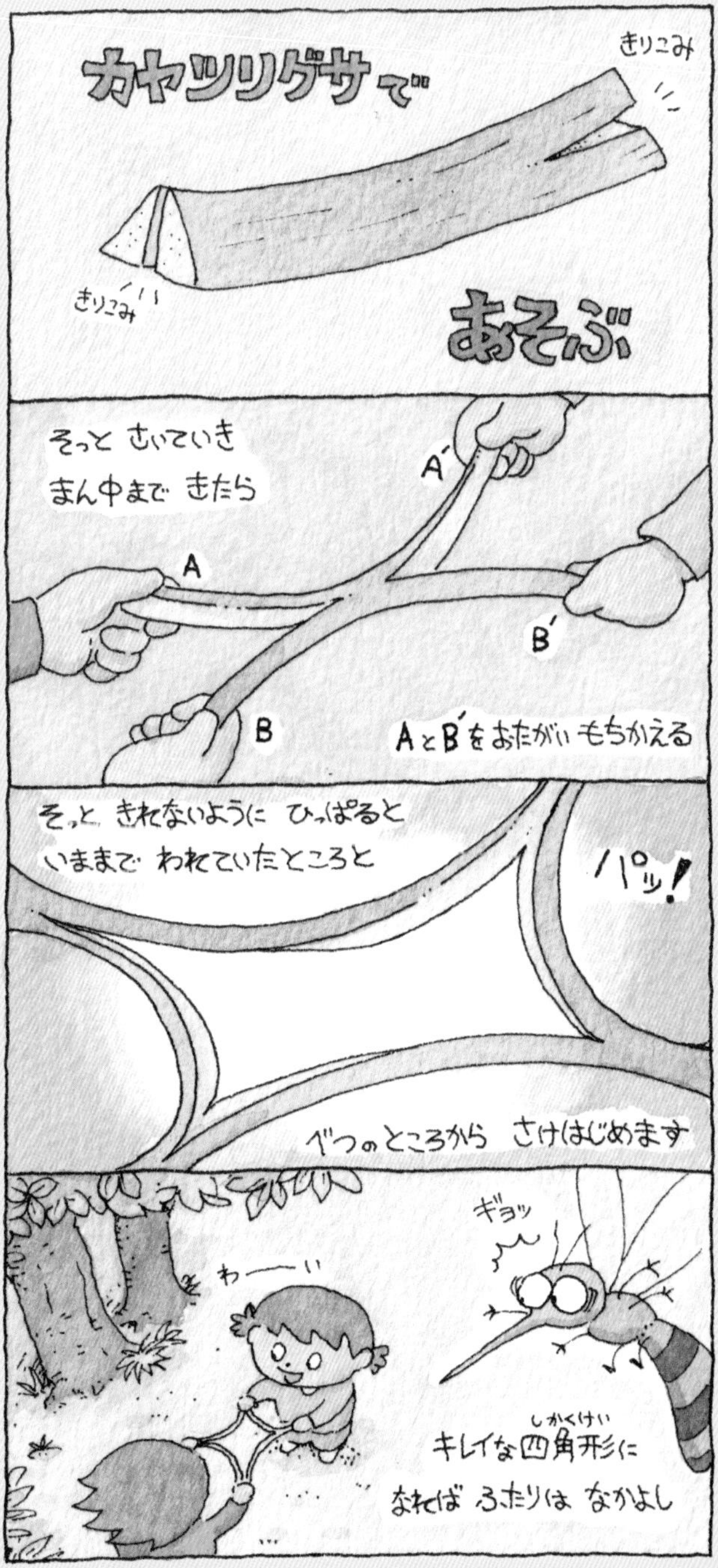
カヤツリグサで
きりこみ
きりこみ
あそぶ
そっと さいていき
まん中まで きたら
A´
A
B´
B
AとB´をおたがい もちかえる
そっと きれないように ひっぱると
いままで われていたところと
パッ!
べつのところから さけはじめます
ギョッ
わーーい
キレイな四角形《しかくけい》に
なれば ふたりは なかよし

カヤツリグサ って こんな植物

茎《くき》の断面《だんめん》はなぜ三角形《さんかくけい》？
鉄橋《てっきょう》、東京《とうきょう》タワー…

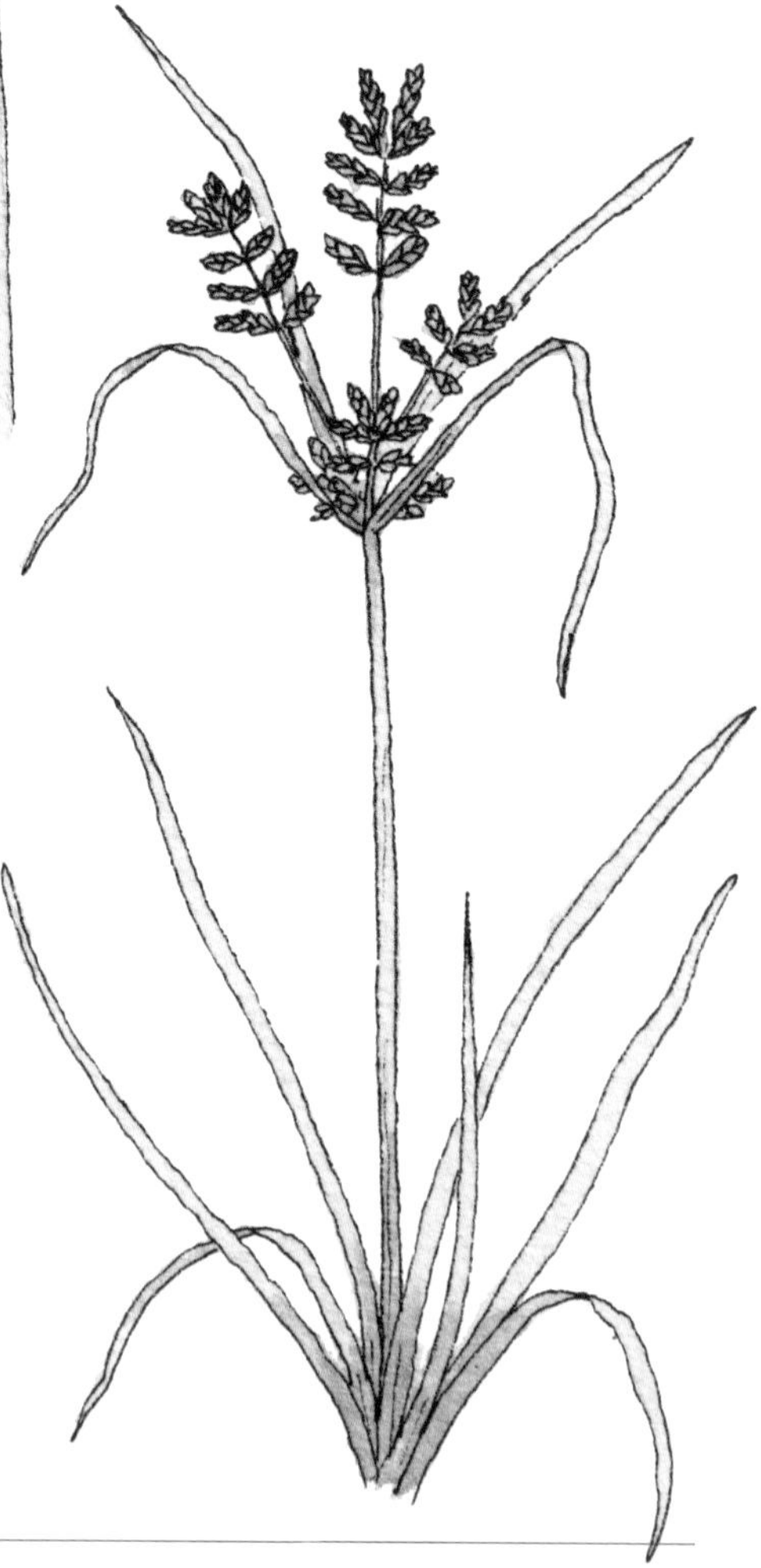

三角形《さんかくけい》は、丈夫《じょうぶ》な構造《こうぞう》です。たとえば、東京《とうきょう》タワーや鉄橋《てっきょう》、自転車《じてんしゃ》のフレームなどは三角形《さんかくけい》の組《く》み合《あ》わせで作《つく》られています。丸《まる》い茎《くき》は、しなって風《かぜ》に耐《た》えるのに対《たい》して、三角《さんかく》形《けい》の茎《くき》は頑丈《がんじょう》さで耐《た》えているのです。シソ科《か》など四角形《しかくけい》の茎《くき》は、角《かど》の部分《ぶぶん》を補強《ほきょう》しているのが特徴《とくちょう》です。

見つけやすさ：★★☆

漢字名：蚊帳吊草

英名：asian flatsedge

別名：枡草、なかよし草

花期：夏～秋

花言葉：伝統、歴史

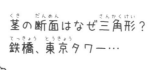

遊《あそ》びになる植物《しょくぶつ》

タンポポの茎《くき》をちぎると白《しろ》い液《えき》が出《で》てきます。タンポポに似《に》たキク科《か》の植物《しょくぶつ》の茎《くき》も同《おな》じように白《しろ》い液《えき》が出《で》てきます。そのため昔《むかし》、これらの植物《しょくぶつ》は「乳草《ちちぐさ》」と呼《よ》ばれていました。野菜《やさい》のレタスもキク科《か》の植物《しょくぶつ》です。レタスの茎《くき》を包丁《ほうちょう》で切《き》ると白《しろ》い液《えき》が出《で》てきます。この液《えき》をなめるととても苦《にが》い味《あじ》がします。この白《しろ》い液《えき》は、植《しょく》物《ぶつ》が病原菌《びょうげんきん》から身《み》を守《まも》るためのものなのです。レタスを包丁《ほうちょう》で切《き》らずに、手《て》でちぎるのは、苦《にが》みを出《だ》さないためなのです。

タンポポの水車《すいしゃ》

茎《くき》を裂《さ》いて
枝《えだ》を通《とお》す
流水《りゅうすい》を
あてると…
くるくる

オシロイバナの化粧《けしょう》ごっこ

オシロイバナ（おしろい花）の種《たね》の中《なか》の白《しろ》い粉《こな》でお化粧《けしょう》ごっこができます

OENOTHERA STRICTA

夕《ゆう》暮《ぐ》れのドラマ

マツヨイグサ

＊夜《よる》のくらやみに浮《う》かぶ目《め》は何《なん》の生《い》き物《もの》？ 答えはp53に

夕食《ゆうしょく》のしたくが忙《いそが》しいときに限《かぎ》って、赤《あか》ちゃんが理由《りゆう》もなく泣《な》き出《だ》してしまうことがあります。「夕暮《ゆうぐ》れ泣《な》き」です。お腹《なか》が空《す》いているわけでもないし、オムツも大丈夫《だいじょうぶ》。どんなにあやしても泣《な》き止《や》まないので困《こま》ってしまいます。

夕暮《ゆうぐ》れ泣《な》きの原因《げんいん》はわかっていません。そんなときは子《こ》どもを抱《だ》っこして外《そと》に出《で》てみてはどうでしょうか。

夕暮《ゆうぐ》れ時《どき》は短《みじか》い時間《じかん》に景色《けしき》がダイナミックに変化《へんか》します。風《かぜ》は急《きゅう》にひんやりとしてきます。夏《なつ》であればうるさかったセミの声《こえ》が小《ち》さくなり、やがて虫《むし》の音《ね》が聞《き》こえだします。鳥《とり》たちは森《もり》の方《ほう》へ飛《と》んで帰《かえ》っていきます。そして、空《そら》の色《いろ》は刻一刻《こくいっこく》と変化《へんか》していきます。

私《わたし》の子《こ》どもは三歳《さんさい》の頃《ころ》、夕暮《ゆうぐ》れをこう評《ひょう》しました。

「夕方《ゆうがた》ってね。空《そら》が赤《あか》くなって、雲《くも》が黒《くろ》くなって、最後《さいご》に白《しろ》くなって、それから黒《くろ》くなって夜《よる》になるんだよ」

夕焼《ゆうや》け空《ぞら》と夜《よる》の境目《さかいめ》に、空《そら》が白《しろ》くなるという表現《ひょうげん》に私《わたし》は戸惑《とまど》いました。

しかし、実際《じっさい》に夕焼《ゆうや》け空《ぞら》を眺《なが》めていると、息子《むすこ》の言《い》ったことがわかったような気《き》がしました。たそがれ時《どき》の空《そら》は、まるで大《おお》きな虹《にじ》がかかっているかのように、赤《あか》や紫《むらさき》はもちろん、黄色《きいろ》や白色《しろいろ》や緑色《みどりいろ》など、さまざまな色《いろ》が空《そら》を染《そ》めては消《き》えていきます。

大人《おとな》が忙《いそが》しく過《す》ごしている短《みじか》い時間《じかん》に、子《こ》どもはこんなにも大《おお》きな空《そら》の変化《へんか》を感《かん》じているのです。もしかすると幼《おさな》い赤《あか》ちゃんは、昼《ひる》から夜《よる》へのこの変化《へんか》の大《おお》きさに言《い》い知《し》れぬ不《ふ》安《あん》を感《かん》じてしまうのかもしれません。

夏《なつ》の夕方《ゆうがた》には、マツヨイグサの仲間《なかま》が咲《さ》き始《はじ》めては、甘《あま》い香《かお》りを漂《ただよ》わせます。マツヨイグサは肉眼《にくがん》でわかる速《はや》さで見《み》る見《み》る咲《さ》いていきます。さっきまでつぼみだったマツヨイグサが、まるで灯《あか》りをともすように次々《つぎつぎ》と開《ひら》き、暗《くら》くなった夕闇《ゆうやみ》の中《なか》に黄色《きいろ》い幻想的《げんそうてき》な花《はな》が浮《う》かび上《あ》がるのです。

夕方《ゆうがた》から夜《よる》へのわずか三〇分《さんじゅっぷん》足《た》らずの壮大《そうだい》なドラマ。忙《いそが》しい手《て》を止《と》めて、たまには子《こ》どもたちに寄《よ》り添《そ》いながらゆっくりと眺《なが》めてみるのも悪《わる》くないかもしれません。

ママきてー
なにー？
どう したの？
どんどん 花《はな》が 咲《さ》いてる！
本当《ほんとう》だ！ 夕方《ゆうがた》なのに…
キレイだねー

マツヨイグサ
ってこんな植物

夜《よる》咲《さ》く花《はな》の花粉《かふん》を
運《はこ》ぶスズメガ

暗《くら》い夜《よる》に目立《めだ》つ蛍光色《けいこうしょく》は
子供用《こどもよう》の傘《かさ》や雨合羽《あまがっぱ》と同《おな》じ

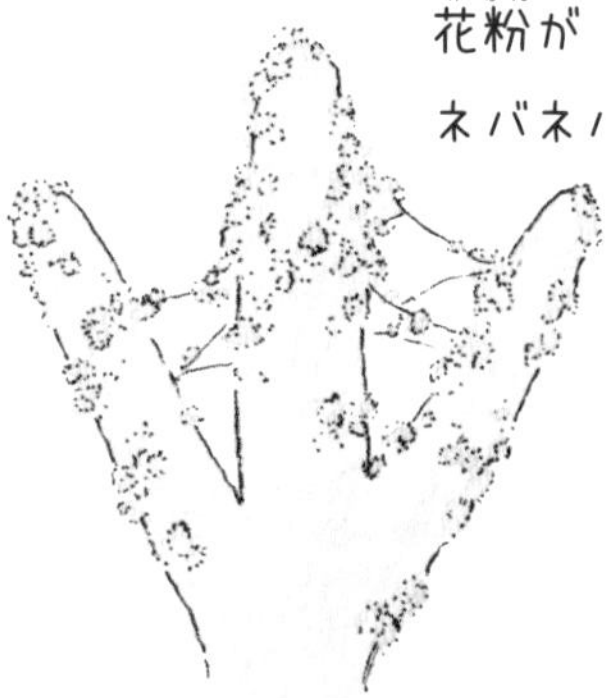

花粉《かふん》が
ネバネバの糸《いと》に

スズメガの体《からだ》にひとつでも花粉《かふん》がつけば次《つぎ》から次《つぎ》へと花粉《かふん》が粘着糸《ねんちゃくいと》でつながって出《で》てきて、すべて運《はこ》ばせるしくみになっています。花《はな》はスズメガを引《ひ》き寄《よ》せるためにワインに似《に》た強《つよ》い香《かお》りを漂《ただよ》わせます。夕暮《ゆうぐ》れに花《はな》を咲《さ》かせるマツヨイグサですが、翌朝《よくあさ》にしぼむと花《はな》は赤《あか》くなります。

見つけやすさ：★☆☆

漢字名：待宵草

英名：evening primrose

別名：月見草

花期：夏

花言葉：ほのかな恋、移り気、浴後の美人

夜《よる》のドラマ

子《こ》どもたちにとって暗《くら》い夜《よる》はこわかったり、不安《ふあん》だったりするかもしれません。しかし、暗《くら》い夜《よる》は、とても不思議《ふしぎ》で、とても神秘的《しんぴてき》です。夜《よる》のお散《さん》歩《ぽ》も楽《たの》しいですよ。カエルの声《こえ》や虫《むし》の音《おと》が聞《き》こえるかもしれません。夜《よる》に鳴《な》く鳥《とり》もいます。夏《なつ》であればセミの幼虫《ようちゅう》が羽化《うか》をするようすに出会《であ》うことができるかもしれません。葉《は》っぱや花《はな》が眠《ねむ》っているように見《み》える植物《しょくぶつ》もあれば、夜《よる》に咲《さ》く花《はな》もあります。夜《よる》に咲《さ》く花《はな》は、暗闇《くらやみ》でもよく目立《めだ》つ色《いろ》をしています。

ヨモギが寝《ね》ているね
カラスウリ
ヨモギ
フクロウ
カラスウリの花《はな》は夜《よる》目立《めだ》つ白色《しろいろ》だよ
カエル

ACHYRANTHES BIDENTATA

早《はや》く大人《おとな》になるということ

イノコヅチ

イモムシはむしゃむしゃと植物《しょくぶつ》の葉《は》っぱを食《た》べてしまいます。しかし、植物《しょくぶつ》もやられっぱなしではありません。

植物《しょくぶつ》はイモムシなどの昆虫《こんちゅう》に食《た》べられないようにさまざまな工夫《くふう》をしています。多《おお》くの植物《しょくぶつ》は、葉《は》っぱの中《なか》に有毒《ゆうどく》な成分《せいぶん》や食欲《しょくよく》を減退《げんたい》させる成分《せいぶん》を含《ふく》む化学物質《かがくぶっしつ》を作《つく》り出《だ》して、昆虫《こんちゅう》から守《まも》っています。野菜《やさい》や山菜《さんさい》の中《なか》に辛味《からみ》や苦味《にがみ》を持《も》つものがあったり、薬草《やくそう》として用《もち》いられたりするのも、植物《しょくぶつ》がさまざまな物質《ぶっしつ》を作《つく》り出《だ》しているためです。

ところが、イノコヅチという植物《しょくぶつ》は、少《すこ》しユニークな方法《ほうほう》でイモムシを撃退《げきたい》しています。驚《おどろ》くことにイノコヅチの葉《は》っぱには、イモムシの成長《せいちょう》を早《はや》める成分《せいぶん》が含《ふく》まれているのです。どうして害虫《がいちゅう》であるイモムシの成長《せいちょう》を早《はや》めてあげるような物質《ぶっしつ》を持《も》っているのでしょうか？

答《こた》えは簡単《かんたん》です。イノコヅチはイモムシを早《はや》く大人《おとな》のチョウやガに成長《せいちょう》させて、葉《は》っぱから追《お》い出《だ》してしまおうとしているのです。

早《はや》く成虫《せいちゅう》になることが良《よ》いようにも見《み》えますが、十分《じゅうぶん》に葉《は》っぱを食《た》べることができずに早《はや》く大人《おとな》になってしまったイモムシは、小《ちい》さな成虫《せいちゅう》にしかなれないそうです。

カブトムシやクワガタムシは体《からだ》の大《おお》きなものが人気《にんき》ですが、成虫《せいちゅう》になってからどんなに餌《えさ》をあげても、もうそれ以上《いじょう》に大《おお》きくなることはできません。大《おお》きく立派《りっぱ》なカブトムシやクワガタムシになるためには、幼虫《ようちゅう》の時代《じだい》に餌《えさ》を十分《じゅうぶん》に食《た》べることが必要《ひつよう》なのです。

しっかりとした幼虫時代《ようちゅうじだい》を過《す》ごしたものだけが、しっかりとした成虫《せいちゅう》になることができるのです。

私《わたし》たち人間《にんげん》はどうでしょうか。子《こ》どもたちの成長《せいちょう》はうれしいものです。しかし、早《はや》く大人《おとな》にさせようとはしていないでしょうか。それでは、害虫《がいちゅう》を追《お》い出《だ》すイノコヅチと同《おな》じです。大《おお》きな大人《おとな》になるためには、ゆっくりと、じっくりと子《こ》ども時代《じだい》を過《す》ごすことが大《たい》切《せつ》なのです。

ムシャ
ムシャ
ガツ
ガツ
ムムムム…
もうチョウに
なったぞ！
いえーい！
パタ
パカ
あれ？
ちんまり…

イノコヅチってこんな植物

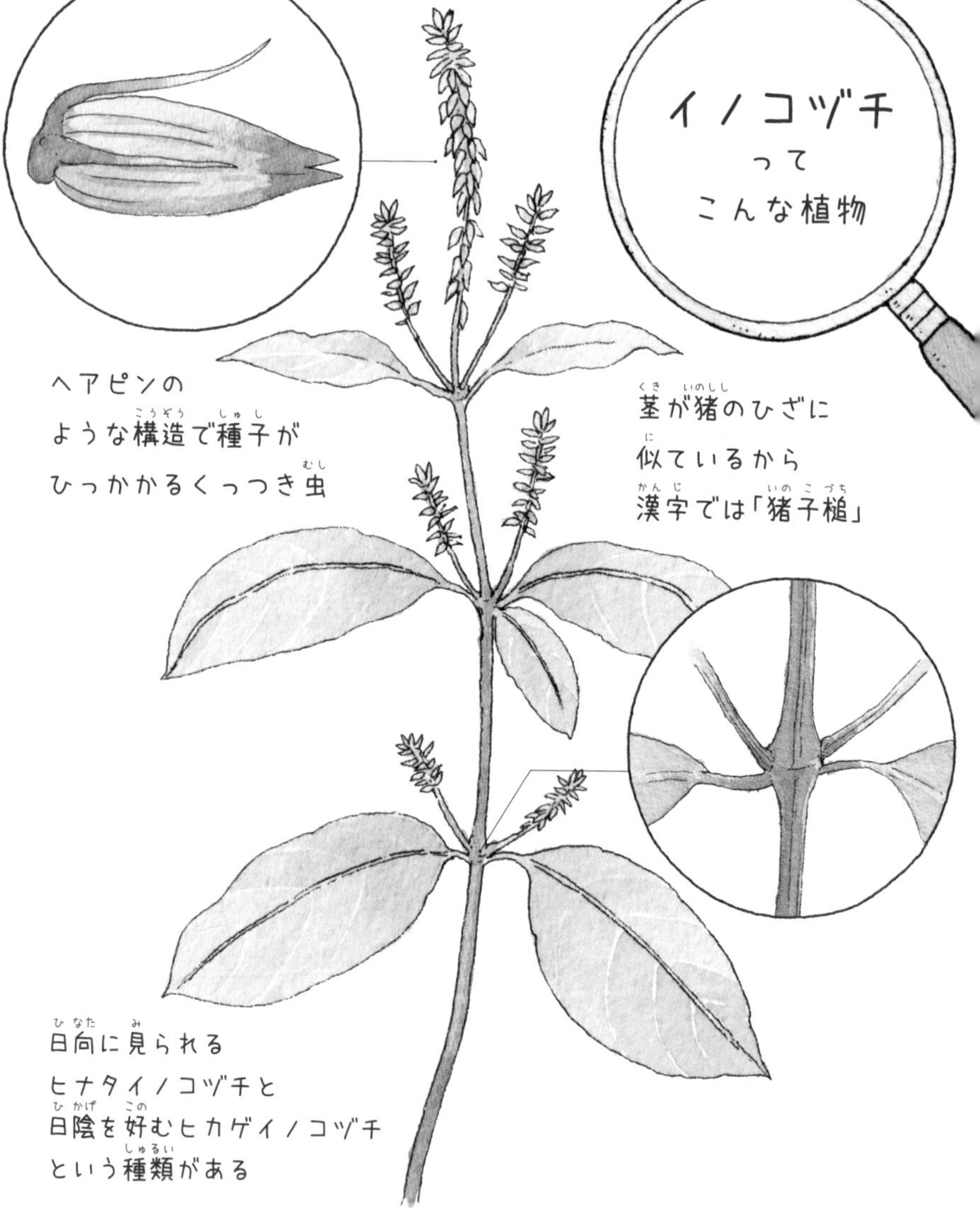
ヘアピンのような構造《こうぞう》で種子《しゅし》がひっかかるくっつき虫《むし》
茎《くき》が猪《いのしし》のひざに似《に》ているから漢字《かんじ》では「猪子槌《いのこづち》」
日向《ひなた》に見《み》られるヒナタイノコヅチと日陰《ひかげ》を好《この》むヒカゲイノコヅチという種類《しゅるい》がある

イノシシのひざに似《に》ていると言《い》われても、わかりにくいですが、何《なん》だかゴツゴツしたイメージだけは伝《つた》わってきます。茎《くき》をさわると四角形《しかくけい》をしています。丸《まる》い茎《くき》は風《かぜ》が吹《ふ》いたときにしなやかにしなってしのぐのに対《たい》して、四角形《しかくけい》の茎《くき》は弱点《じゃくてん》となる角《かど》を補強《ほきょう》して、頑丈《がんじょう》な茎《くき》で風《かぜ》に耐《た》えます。その結果《けっか》、ゴツゴツした茎《くき》になったのかもしれません。

見つけやすさ	★☆☆
漢字名	猪子槌
英名	pig's knee（豚のひざ）
別名	ふしだか、とりつきむし
花期	夏〜秋
花言葉	命燃え尽きるまで

毒《どく》にも薬《くすり》にもなる植物《しょくぶつ》

動《うご》けない植物《しょくぶつ》は、厳《きび》しい環《かん》境《きょう》を耐《た》え抜《ぬ》いたり、病《びょう》気《き》の菌《きん》や害虫《がいちゅう》から身《み》を守《まも》るために、さまざまな成分《せいぶん》を作《つく》ります。それらの成分《せいぶん》が人間《にんげん》にとって、毒《どく》になったり、薬《くすり》になったりするのです。「毒《どく》と薬《くすり》は紙一重《かみひとえ》」と言《い》われるように、薬草《やくそう》だけでなく、毒草《どくそう》と呼《よ》ばれる植物《しょくぶつ》も薬《くすり》になります。イノコヅチも薬草《やくそう》として知《し》られており、根《ね》っこは「牛《ご》膝《しつ》」という漢方薬《かんぽうやく》として利《り》用《よう》されています。

コーヒーノキから見《み》つかった
カフェイン
「カフェ」は「コーヒー」という意味《いみ》。コーヒーだけでなく、お茶《ちゃ》やココアなど人気《にんき》のある飲《の》み物《もの》に含《ふく》まれています
トマトの葉《は》や茎《くき》に含《ふく》まれる
トマチン
かわいらしい名前《なまえ》ですが有《ゆう》毒《どく》です。赤《あか》い実《み》には含《ふく》まれませんので、安心《あんしん》してトマトを食《た》べてください

ひっつき虫《むし》の時《じ》代《だい》

センダングサ

秋《あき》の草《くさ》むらを歩《ある》いているとたくさんの草《くさ》の実《み》が衣服《いふく》にまとわりついてきます。まるで、小《ちい》さな虫《むし》のようにくっついてくるので、これらの草《くさ》の種《たね》は「ひっつき虫《むし》」や「くっつき虫《むし》」と呼《よ》ばれています。

ひっつき虫《むし》がくっついてくるのは、動物《どうぶつ》の毛《け》や人間《にんげん》の衣服《いふく》にくっついて、実《み》の中《なか》にある種子《しゅし》を遠《とお》くへ運《はこ》ぶためです。

くっつく方法《ほうほう》はさまざまです。あるものはカギ状《じょう》のトゲでひっかけたり、あるものはワッペンのように貼《は》りついたり、まさにあの手《て》この手《て》でくっついてきます。

草《くさ》むらの中《なか》を歩《ある》いた後《あと》は、服《ふく》やズボンについたひっつき虫《むし》を取《と》るのが大変《たいへん》です。しかし不思議《ふしぎ》なことに、あんなにまとわりついていたひっつき虫《むし》も放《ほう》っておくといつの間《ま》にか自《し》然《ぜん》に取《と》れてしまいます。

それもそのはず、ひっつき虫《むし》は、新《あたら》しい土地《とち》へ旅立《たびだ》つために衣服《いふく》にくっついているのですから、いつまでもしがみついていては、永遠《えいえん》に地面《じめん》に根《ね》を下《お》ろして芽《め》を出《だ》すことができません。ですから、しつこくしがみつきながらも、いつしか自然《しぜん》と離《はな》れていくように、程《ほど》よくくっつくしくみをひっつき虫《むし》たちは発達《はったつ》させているのです。たとえば、センダングサは、魚《さかな》を獲《と》る銛《もり》のようなトゲのある種子《しゅし》で衣服《いふく》にくっつきますが、このトゲは壊《こわ》れやすくなっていて、やがて離《はな》れるしくみになっています。

子《こ》どももまた、ひっつき虫《むし》のような存在《そんざい》だなぁと思《おも》います。いやになるくらいしつこく親《おや》にまとわりついてくる子《こ》どもも、やがては自《みずか》ら離《はな》れていきます。まるで、知《し》らぬ間《ま》になくなってしまったひっつき虫《むし》のように、です。それが新《あたら》しい世界《せかい》に旅立《たびだ》っていくためのしくみなのです。

子《こ》どもたちがひっつき虫《むし》のようにくっついているのはわずかな時間《じかん》です。せめてまとわりついてくるうちは、それにまかせてあげるとしましょうか。そして少《すこ》しでも遠《とお》くまで運《はこ》んであげることにしたいものです。

センダングサ

センダングサってこんな植物

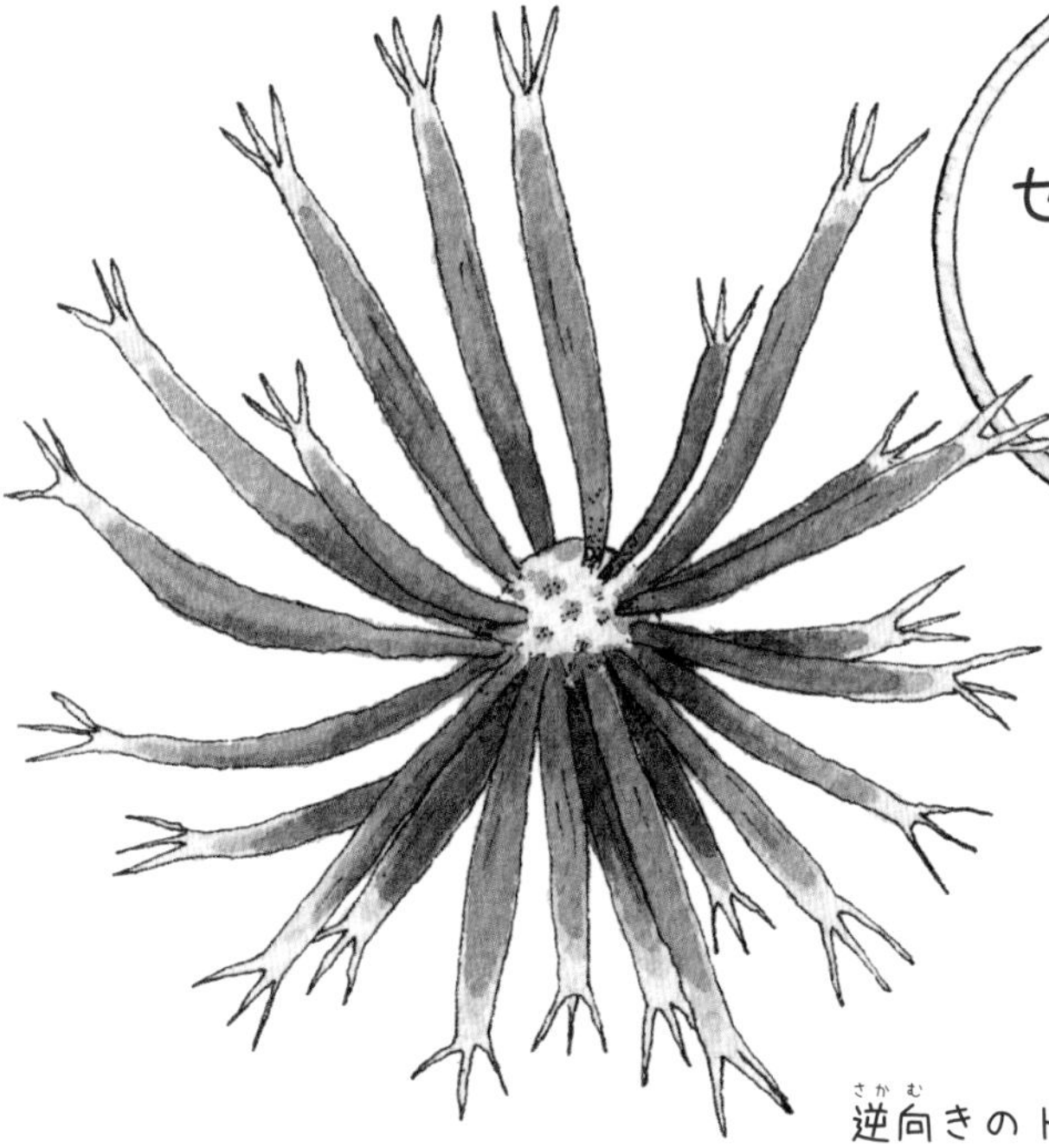

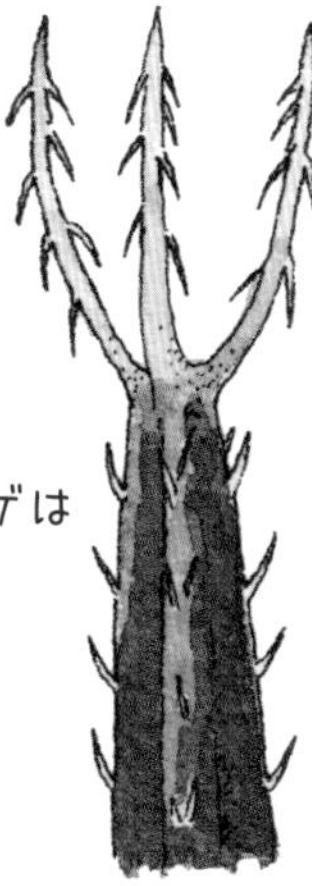

逆向《さかむ》きのトゲは
刺《さ》さっても
抜《ぬ》けない

花《はな》びらのない
黄色《きいろ》の頭花《とうか》を持《も》つ
コセンダングサ。
白《しろ》い花《はな》びらの
ある変種《へんしゅ》は
コシロノセンダングサ

刺《さ》さったら抜《ぬ》けないトゲは運《はこ》ばれるうちに自然《しぜん》と抜《ぬ》けて種子《しゅし》が落《お》ちる仕組《しく》みになっています。また、外側《そとがわ》の種子《しゅし》は最《さい》初《しょ》にくっついて運《はこ》ばれやすいですが、内側《うちがわ》の種子《しゅし》はくっつきにくく、すぐに運《はこ》ばれません。そして、外側《そとがわ》の種子《しゅし》は早《はや》く芽《め》を出《だ》し、内側《うちがわ》の種子《しゅし》はしばらく芽《め》が出《で》ません。ちなみにセンダングサの種《たね》をまいてみると、種《たね》と同《おな》じ形《かたち》の細長《ほそなが》い双葉《ふたば》が出《で》てきます。

見つけやすさ：★★★　**漢字名**：梅檀草

英名：beggar's tick　**別名**：泥棒草

花期：秋　**花言葉**：近寄らないで

ひっつき虫《むし》をつかまえよう

秋《あき》の草《くさ》むらを歩《ある》いていると、服《ふく》に草《くさ》の実《み》や種《たね》がいっぱいついてきます。いらなくなった長《なが》い靴下《くつした》をはいて草《くさ》むらを歩《ある》いたり、軍手《ぐんて》で草《くさ》をつかんでみたりして、ひっつき虫《むし》をつかまえに出《で》かけましょう。どんなひっつき虫《むし》がついているでしょうか。どんなしくみでくっついているのでしょう。どうやったら、取《と》れるでしょう？　何日《なんにち》くらいくっついているのでしょう？　ぜひ、ひっつき虫《むし》ハンターを目指《めざ》してみてください。

銛《もり》のように突《つ》き刺《さ》さる
センダングサ
長《なが》い毛《け》でひっかかる
チカラシバ
クリップのように
引《ひ》っかかる
イノコヅチ
べたべたくっつく
メナモミ
マジックテープの
ようにくっつく
オナモミ

GNAPHALIUM AFFINE

本《ほん》当《とう》は遊《あそ》びほうける

ハハコグサ

ハハコグサは漢字《かんじ》で「母子草《ははこぐさ》」と書《か》きます。草全体《くさぜんたい》に白《しろ》くやわらかな毛《け》が生《は》えているようすは母《はは》と子《こ》の温《あたた》かいイメージを連想《れんそう》させます。「母子草《ははこぐさ》」の名前《なまえ》は、まさにこの草《くさ》にぴったりです。

しかし、世《よ》の中《なか》の人《ひと》たちが母《はは》と子《こ》に抱《いだ》く崇高《すうこう》なイメージとは裏腹《うらはら》に、実際《じっさい》の子育《こそだ》ては大変《たいへん》です。思《おも》うようにいかない子《こ》どもを怒《おこ》り散《ち》らしてしまうことだってあるでしょう。マリア様《さま》ではないのだから、いつもいつも微笑《ほほえ》んでいるわけにはいかないのです。

ハハコグサの全身《ぜんしん》に生《は》えている毛《け》は、虫《むし》に食《た》べられにくくするためのものであると考《かんが》えられています。この細《こま》かな綿毛《わたげ》が餅《もち》に絡《から》まって粘《ねば》りを出《だ》すので、昔《むかし》は草餅《くさもち》の材料《ざいりょう》として用《もち》いられました。ハハコグサを使《つか》った「母子餅《ははこもち》」は、かつてはひな祭《まつ》りに欠《か》かせないものだったそうですが、母子《ぼし》をつくのは縁起《えんぎ》が悪《わる》いとされ、ハハコグサの餅《もち》は作《つく》られなくなり、いつしか草餅《くさもち》の材料《ざいりょう》はヨモギにとって代《か》わられてしまいました。人々《ひとびと》のハハコグサへの思《おも》いは相当《そうとう》のものです。

ところが、ハハコグサは本来《ほんらい》、「母子草《ははこぐさ》」の意味《いみ》ではなかったといいます。一説《いっせつ》には、花《はな》が終《お》わった後《あと》の綿毛《わたげ》がほうけだつことから、もともとはホウコグサと呼《よ》ばれていたと言《い》われています。それが、転《てん》じてハハコグサと呼《よ》ばれるようになったのです。「ほうける」は「ほつれる」という意味《いみ》です。

ほうけるには「ボーッとする」という意味《いみ》や「遊《あそ》びほうける」のように「夢中《むちゅう》になる」という意味《いみ》もあります。

母《はは》と子《こ》の深《ふか》い愛情《あいじょう》のイメージを人々《ひとびと》に強《つよ》く与《あた》えてきた母子草《ははこぐさ》でさえ、実際《じっさい》には「ほうける草《くさ》」なのです。

肩《かた》の力《ちから》を抜《ぬ》いて、母親《ははおや》もたまには、ボーッとしてみたり、遊《あそ》びほうけてみてもいいのではないでしょうか。ハハコグサを見《み》てください。ほうけた中《なか》から、母子草《ははこぐさ》のやさしさに包《つつ》まれて綿毛《わたげ》たちは旅立《たびだ》っていくのです。

………
ボー……
ボー……
ママ どうしたの？
今日《きょう》はちょっと 疲《つか》れてるのかな 片付《かたづ》け手《て》伝《つだ》って くれると助《たす》かるなー
お…
わかった まかせて！
タタッ…
自立《じりつ》って すばらしい

ハハコグサってこんな植物

花後《かご》に
綿毛《わたげ》付《つ》きの
実《み》がなる
全身《ぜんしん》が白《しろ》く
やわらかな毛《け》に
おおわれている
葉《は》の裏《うら》はとくに
毛《け》が多《おお》くふわふわ
モサモサ

ハハコグサのやわらかそうな毛《け》は何《なん》のためにあるのでしょうか。害虫《がいちゅう》や病気《びょうき》の菌《きん》から身《み》を守《まも》るとか、水《みず》の蒸発《じょうはつ》を防《ふせ》ぐとか、寒《さむ》さから身《み》を守《まも》るとか、さまざまなことが考《かんが》えられますが、本当《ほんとう》の理由《りゆう》は、じつはよくわかっていません。自然《しぜん》は、じつはわかっていない不思議《ふしぎ》であふれているのです。

見つけやすさ：★★☆
漢字名：母子草
英名：jersey cudweed
別名：ごぎょう、もちよもぎ、カラスのお灸
花期：春～初夏
花言葉：いつも思う、無償の愛

ハハコグサは ひな祭《まつ》りの植物《しょくぶつ》？

ハハコグサの別名《べつめい》は「御形《ごぎょう》」。これは人形《にんぎょう》のことで、由来《ゆらい》はひな祭《まつ》りと関係《かんけい》があるためといわれています。ひな祭《まつ》りといえば、ひし餅《もち》と桃《もも》の花《はな》。ひし餅《もち》の三色《さんしょく》の重《かさ》ねる順番《じゅんばん》が下《した》から緑《みどり》・白《しろ》・赤《あか》の場合《ばあい》、〝雪《ゆき》の下《した》には新芽《しんめ》（蓬《よもぎ》）が芽吹《めぶ》き、桃《もも》の花《はな》が咲《さ》いている〟。下《した》から白《しろ》・緑《みどり》・赤《あか》の場合《ばあい》、〝雪《ゆき》の中《なか》から新芽《しんめ》（蓬《よもぎ》）が芽吹《めぶ》き、桃《もも》の花《はな》が咲《さ》いている〟。桃《もも》の花《はな》は本当《ほんとう》は四月《しがつ》に咲《さ》きますが、旧暦《きゅうれき》の三月三日《さんがつみっか》は、今《いま》のカレンダーでは四月四日《しがつよっか》。そのため、促成栽培《そくせいさいばい》で桃《もも》の花《はな》を咲《さ》かせているのです。

GNAPHALIUM JAPONICUM

お父《とう》さんガンバレ

チチコグサ

春《はる》の暖《あたた》かな光《ひかり》の中《なか》に、ハハコグサが咲《さ》いています。ハハコグサは漢字《かんじ》では「母子草《ははこぐさ》」です。一方《いっぽう》、ハハコグサの仲間《なかま》の植物《しょくぶつ》にチチコグサ（父子草《ちちこぐさ》）という種類《しゅるい》もあります。チチコグサの名前《なまえ》はハハコグサに対《たい》してつけられましたが、黄色《きいろ》い花《はな》の鮮《あざ》やかなハハコグサに比《くら》べると紫褐色《しかっしょく》のチチコグサの地味《じみ》な花《はな》はほとんど目立《めだ》たず、茎《くき》も細《ほそ》くて少《すこ》し貧弱《ひんじゃく》な感《かん》じがします。春《はる》の七草《ななくさ》としても知《し》られるハハコグサに比《くら》べると知名度《ちめいど》もいまひとつです。やはり母《はは》と子《こ》の絆《きずな》には勝《か》てないのでしょうか。

図鑑《ずかん》を見《み》ると「ハハコグサに比《くら》べて目立《めだ》たない」とか、「ハハコグサに似《に》るがやや痩《や》せた感《かん》じがする」と記《しる》されています。世《よ》のお父《とう》さんたちからするとなんとも切《せつ》ない限《かぎ》りです。

さらにそのチチコグサ、昔《むかし》は身近《みぢか》に見《み》られた植物《しょくぶつ》でしたが、最近《さいきん》ではだんだん少《すく》なくなってきていて、ますます影《かげ》の薄《うす》い存在《そんざい》になっているようです。ハハコグサが身近《みぢか》に見《み》られるのと比《くら》べると、チチコグサはなかなか見《み》ることができません。

かつて「地震《じしん》、雷《かみなり》、火事《かじ》、親父《おやじ》」という言葉《ことば》がありました。昔《むかし》、家庭《かてい》において父親《ちちおや》の存《そん》在《ざい》は大《おお》きく、時《とき》として怖《こわ》い存在《そんざい》だったということなのでしょう。それに比《くら》べると、父親《ちちおや》の存在《そんざい》は影《かげ》が薄《うす》くなっているのかもしれません。

しかも、最近《さいきん》はある変化《へんか》が起《お》きています。

チチコグサに変《か》わって「チチコグサモドキ（父子草擬《ちちこぐさもど》き）」と呼《よ》ばれるアメリカ原産《げんさん》の外来植物《がいらいしょくぶつ》が急速《きゅうそく》に蔓延《まんえん》しています。そして、日本《にほん》にもともとあったチチコグサを圧倒《あっとう》しつつあるのです。「もどき」というのは似《に》て非《ひ》なるまがい物《もの》という意味《いみ》です。

父子草《ちちこぐさ》の影《かげ》が薄《うす》くなる一方《いっぽう》で、増《ふ》えるのはアメリカ産《さん》の「もどき」ばかり。「親父《おやじ》」と呼《よ》ばれた厳格《げんかく》な父親像《ちちおやぞう》が失《うしな》われ、やさしいパパが急増中《きゅうぞうちゅう》の現代《げんだい》と何《なん》だか似《に》ているような気《き》もします。

地震《じしん》 雷《かみなり》
火事《かじ》…
親父《おやじ》!
パパー
タタタッ…
……

地味《じみ》でも頑張《がんば》っている お父《とう》さんオールスター？ チチコグサの仲間《なかま》勢《せい》ぞろい

日本《にほん》のお父《とう》さん代表《だいひょう》
チチコグサ

もどきは似《に》て非《ひ》なる
チチコグサモドキ

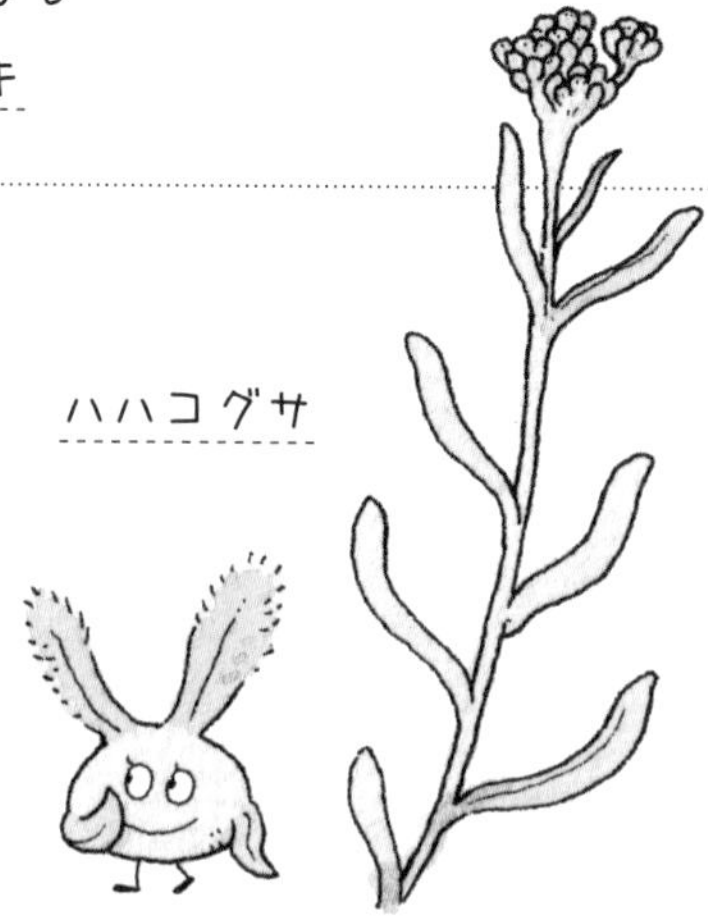
ハハコグサ

見つけやすさ：★★☆　**漢字名**：父子草　**英名**：japanese cudweed

別名：アラレギク（霰菊）　**花期**：春〜秋　**花言葉**：父の愛情

チチコグサは目立《めだ》ちませんが、芝生《しばふ》などで見《み》つけることができます。ウラジロチチコグサは大《おお》きな葉《は》っぱが目立《めだ》ちます。葉《は》っぱの裏《うら》を見《み》ると、真《ま》っ白《しろ》なのが特徴的《とくちょうてき》です。茎《くき》を伸《の》ばさないで葉《は》っぱだけを広《ひろ》げるロゼットでも、探《さが》すことができます。ウスベニチチコグサは葉《は》っぱが細《ほそ》くて目立《めだ》ちませんが、花《はな》が紅色《べにいろ》です。チチコグサの仲間《なかま》は茎《くき》の先端《せんたん》の方《ほう》に花《はな》をつけますが、チチコグサモドキは茎《くき》の中段《ちゅうだん》まで葉《は》の付《つ》け根《ね》に花《はな》がついているのが特徴《とくちょう》です。

ASTER SUBULATUS

親《おや》孝《こう》行《こう》花《ばな》と親《おや》不《ふ》孝《こう》花《ばな》

ホウキギク

野《の》の花《はな》に親孝行花《おやこうこうばな》と呼《よ》ばれているものがあります。逆《ぎゃく》に親不孝花《おやふこうばな》というのもあります。親孝行花《おやこうこうばな》というのは、タンポポの別名《べつめい》です。

タンポポの綿毛《わたげ》の下《した》についている種子《しゅし》は徳利《とっくり》のような形《かたち》をしています。昔《むかし》の子《こ》どもたちは白《しろ》い綿毛《わたげ》に息《いき》を吹《ふ》きかけて飛《と》ばすときに「あーぶら買《か》いに酢《す》う買《か》いに」と言《い》って遊《あそ》びました。つまり、お使《つか》いのお手伝《てつだ》いをするので親孝行花《おやこうこうばな》というわけなのです。

逆《ぎゃく》に親不孝花《おやふこうばな》と呼《よ》ばれる花《はな》は、ホウキギクです。

ホウキギクは最初《さいしょ》に咲《さ》いた花《はな》を後《あと》から伸《の》びてきた横《よこ》の枝《えだ》の花《はな》が追《お》い越《こ》してしまいます。最初《さいしょ》の花《はな》を親《おや》に、後《あと》から伸《の》びてきた花《はな》を子《こ》どもに見立《みた》てて、肩身《かたみ》の狭《せま》い親《おや》よりも高《たか》いところで子《こ》どもが威張《いば》っているから親不孝花《おやふこうばな》なのです。

このホウキギクもタンポポと同《おな》じキク科《か》の植物《しょくぶつ》なので、綿毛《わたげ》を作《つく》って風《かぜ》に乗《の》せて種子《しゅし》を遠《とお》くへ飛《と》ばします。

不幸《ふこう》にも親不孝花《おやふこうばな》のレッテルを貼《は》られてしまったホウキギクですが、考《かんが》えてみれば、後《あと》から咲《さ》いた花《はな》も子《こ》どもではなく、種子《しゅし》をつける親《おや》です。つまり、親不孝花《おやふこうばな》と呼《よ》ばれるホウキギクが後《あと》から咲《さ》く花《はな》を高《たか》く伸《の》ばすのも、種《たね》を少《すこ》しでも遠《とお》くへ飛《と》ばしたいという思《おも》いからなのです。その思《おも》いはタンポポも同《おな》じです。タンポポは綿毛《わたげ》を飛《と》ばすときになると、花《はな》のときよりも一段《いちだん》、高《たか》く茎《くき》を伸《の》ばします。こうして綿毛《わたげ》を遠《とお》くへ飛《と》ばそうとしているのです。

子《こ》どもたちは大空《おおぞら》に高《たか》く飛《と》び立《た》つ綿毛《わたげ》を自《みずか》ら持《も》っています。やれ飛《と》べ、それ飛《と》べ、高《たか》く飛《と》べ、と子《こ》どもたちをまくし立《た》てることはしません。親孝行花《おやこうこうばな》も親不孝花《おやふこうばな》も、親《おや》の植物《しょくぶつ》がしてあげていることは、子《こ》どもたち自身《じしん》が遠《とお》くへ飛《と》び立《た》てるように、少《すこ》しでも高《たか》く茎《くき》を伸《の》ばしてあげることだけなのです。

ホウキギク

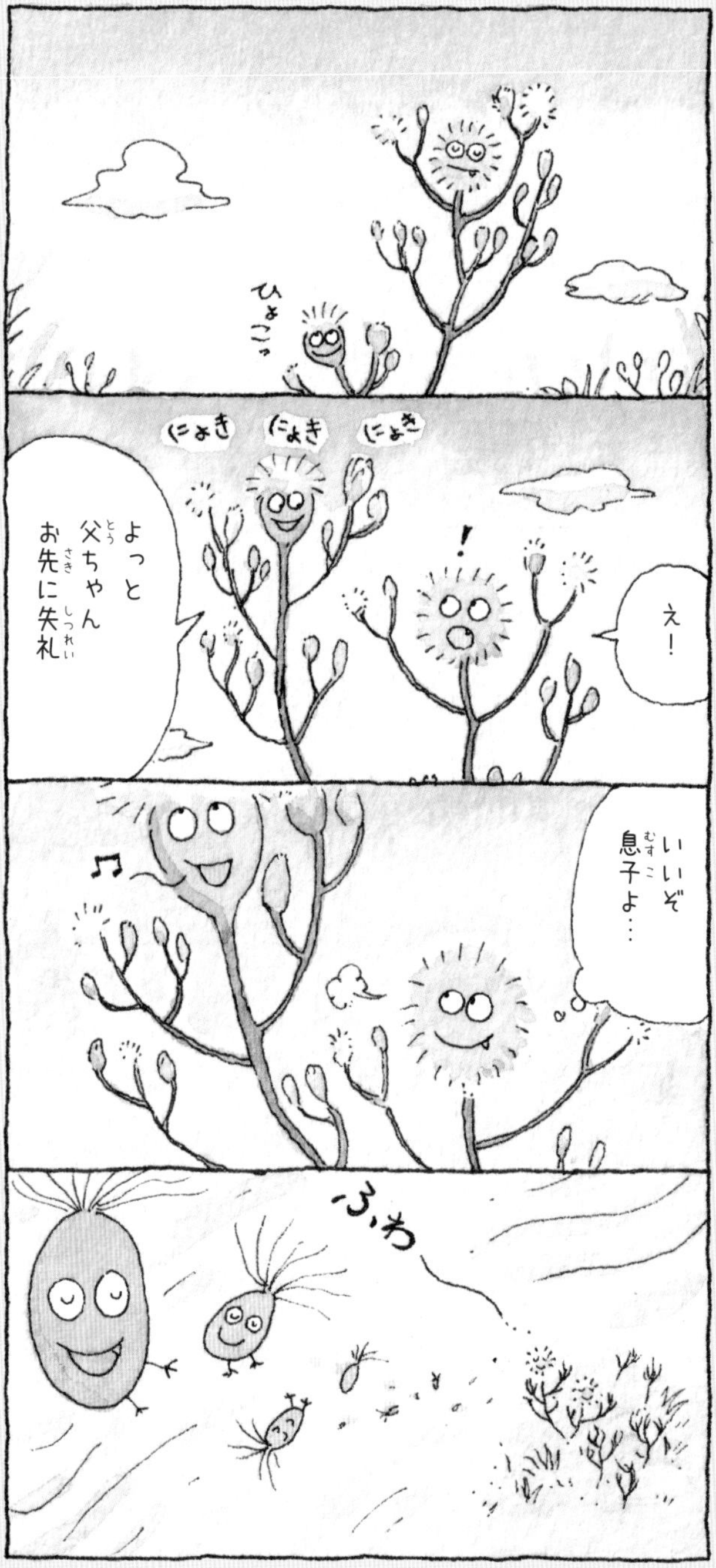

ホウキギク
って
こんな植物

属名《ぞくめい》のAsterは
ラテン語《ご》で「星《ほし》」
小《ちい》さく目立《めだ》たないけれど
よく見《み》ると花《はな》が星《ほし》のよう

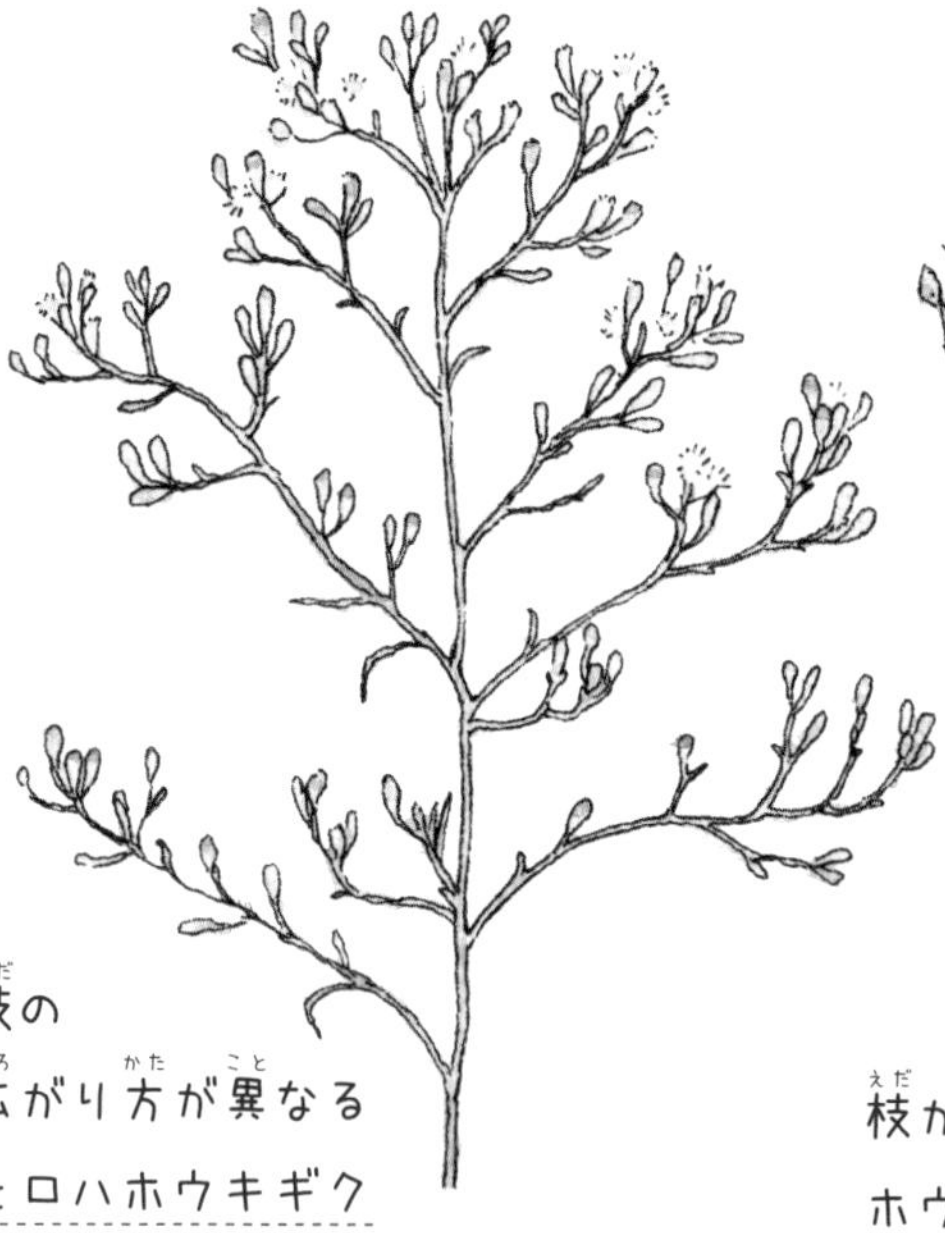

枝《えだ》の
広《ひろ》がり方《かた》が異《こと》なる
ヒロハホウキギク

枝《えだ》がほうきのように見《み》えるから
ホウキギク

空《あ》き地《ち》や道端《みちばた》によく見《み》られます。ボサボサした枝振《えだぶ》りがホウキのようだと名付《なづ》けられました。目《め》立《だ》たない雑草《ざっそう》の代表格《だいひょうかく》ですが、小《ちい》さな花《はな》はよく見《み》るととてもかわいらしいです。それもそのはず、ホウキギクは園芸種《えんげいしゅ》として人気《にんき》のアスター（Aster）の仲間《なかま》なのです。

見つけやすさ	★★☆
漢字名	箒菊
英名	saltmarsh aster
別名	ハハキギク
花期	夏〜秋
花言葉	私は困難に負けない

綿毛《わたげ》で
パラグライダー
のように飛《と》ぶ
タンポポ、ホウキギク
翼《つばさ》で
グライダーのように
飛《と》ぶユリ
ヘリコプターの
ような翼《つばさ》で飛《と》ぶ
カエデ

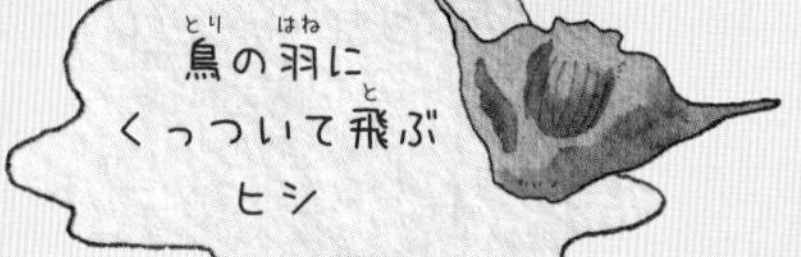
鳥《とり》の羽《はね》に
くっついて飛《と》ぶ
ヒシ

空《そら》を飛《と》ぶ種《たね》のいろいろ

動《うご》けない植物《しょくぶつ》にとって、種《たね》は移動《いどう》できる大《おお》きなチャンスです。中《なか》でも、風《かぜ》に乗《の》ったり、鳥《とり》に運《はこ》ばれて、大空《おおぞら》をゆく種《たね》たちは、かなり遠《とお》くまで移動《いどう》することができます。高層《こうそう》マンションのベランダにおいた植木鉢《うえきばち》にも、勝手《かって》に雑草《ざっそう》の種《たね》が飛《と》んでくることがあります。上《じょう》空《くう》一〇〇〇《せん》メートルを調査《ちょうさ》しても、風《かぜ》で飛《と》ぶ雑草《ざっそう》の種《しゅ》子《し》が観察《かんさつ》されたと言《い》いますから驚《おどろ》きです。小《ちい》さな種《たね》たちは、いったい、どんな大冒《だいぼう》険《けん》をしているのでしょう。

TRICHOSANTHES CUCUMEROIDES

日《ひ》々《び》の成《せい》長《ちょう》

カラスウリ

動《うご》かないイメージのある植物《しょくぶつ》ですが、動《うご》きが肉眼《にくがん》で観察《かんさつ》できるものもあります。有名《ゆうめい》なのはオジギソウでしょう。オジギソウの葉《は》は、指《ゆび》で触《ふ》れると見《み》る間《ま》に垂《た》れ下《さ》がります。また、トレニアやムラサキサギゴケは、めしべの先《さき》をペン先《さき》で突《つ》くと、ふたつに分《わ》かれためしべの先《さき》が見《み》る間《ま》に閉《と》じます。こうして花粉《かふん》をキャッチしようとしているのです。あるいは、ポーチュラカも花《はな》の中《なか》をペン先《さき》で突《つ》くとおしべが一斉《いっせい》に寄《よ》ってきます。虫《むし》がやってきたのだと勘違《かんちが》いして、花粉《かふん》をつけようとしてくるのです。

植物《しょくぶつ》の成長《せいちょう》も思《おも》っているよりも早《はや》いものです。子《こ》どもの頃《ころ》、朝顔《あさがお》の観察日記《かんさつにっき》を書《か》いているときに、しばらくサボると朝顔《あさがお》が思《おも》いがけず大《おお》きく育《そだ》っていて驚《おどろ》いたことはありませんか。特《とく》につるで伸《の》びる植物《しょくぶつ》は成長《せいちょう》が早《はや》いことが知《し》られています。

植物《しょくぶつ》の成長《せいちょう》は目《め》に見《み》えませんが、カラスウリのつるの運動《うんどう》は肉眼《にくがん》で観察《かんさつ》することができます。つるの先端《せんたん》が支柱《しちゅう》に触《ふ》れると一〇分《じゅっぷん》も経《た》たないうちに、巻《ま》きついてしまうのです。こうして巻《ま》きつきながら、カラスウリはどんどん伸《の》びていくのです。

子《こ》どもの成長《せいちょう》も目《め》には見《み》えないですが、思《おも》っているよりも早《はや》いものです。まだ目《め》も開《あ》かなかった赤《あか》ちゃんが、一年後《いちねんご》には立《た》ち上《あ》がり、二年目《にねんめ》には駆《か》け出《だ》します。幼稚園《ようちえん》から小学《しょうがく》生《せい》になると一年《いちねん》で五《ご》から一〇《じゅっ》センチも身長《しんちょう》が伸《の》びます。

これはすごいことです。一年間《いちねんかん》に一〇《じゅっ》センチメートル伸《の》びたということは、一年間《いちねんかん》は五十二週《ごじゅうにしゅう》ですから、一週間《いっしゅうかん》に約二《やくに》ミリメートルも伸《の》びていることになります。大人《おとな》が毎《まい》日毎日《にちまいにち》、毎年毎年《まいとしまいとし》、同《おな》じような日々《ひび》を繰《く》り返《かえ》している間《あいだ》に、子《こ》どもたちは一日一日《いちにちいちにち》大《おお》きく変化《へんか》していくのです。

子《こ》どもたちは昨日《きのう》の自分《じぶん》よりも今日《きょう》の自分《じぶん》の方《ほう》が確実《かくじつ》に成長《せいちょう》しています。子《こ》どもたちにとっては一日《いちにち》として同《おな》じ日《ひ》はないのです。そう考《かんが》えると、そのかけがえのない一日一日《いちにちいちにち》、子《こ》どもたちと共有《きょうゆう》したいものです。

シュル
シュル
シュル
シュル
シュル
シュル
………
シュル
シュル
シュル
シュル
めき…
めき…
もうこんなに
大《おお》きくなった…
どうぞ

カラスウリ
って
こんな植物

レースのような
花《はな》びらを広《ひろ》げて
虫《むし》を呼《よ》び寄《よ》せる

中《なか》にはカマキリの
頭《あたま》のような種《たね》

ミニトマト
のような実《み》

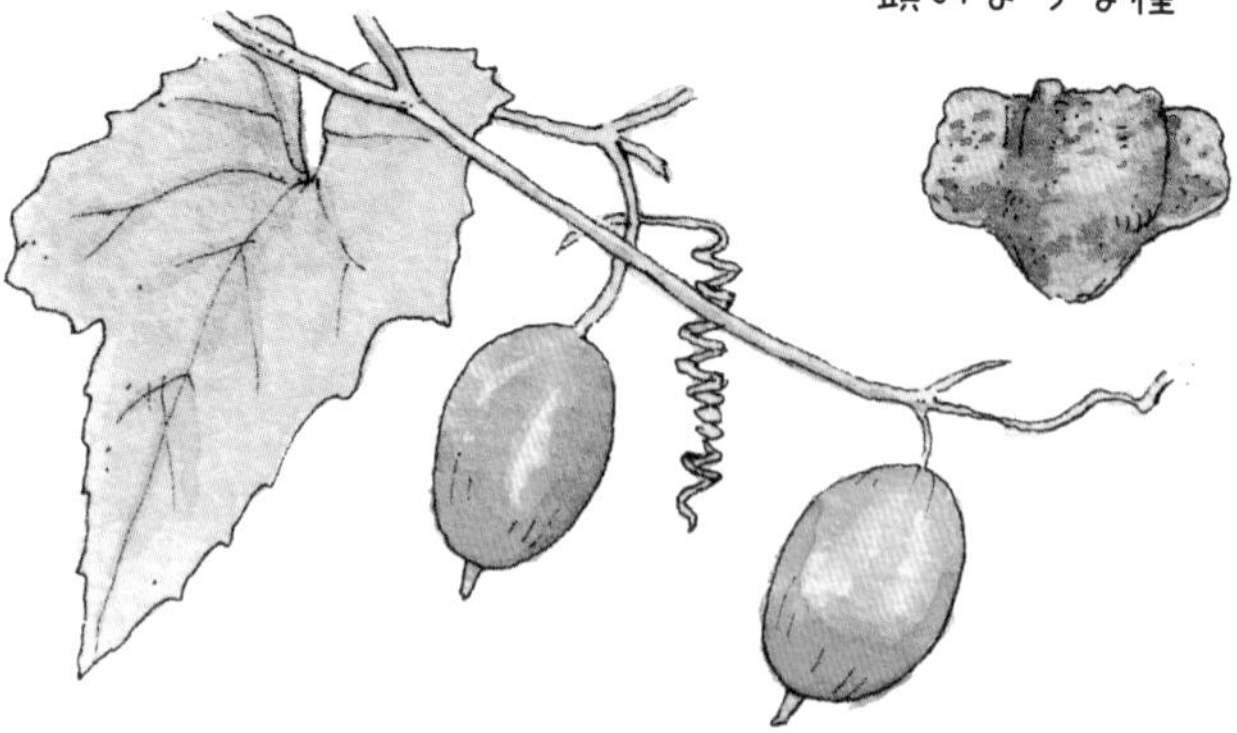

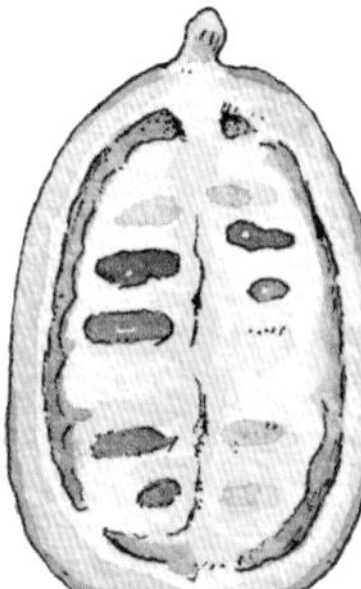

カラスウリは夜《よる》に咲《さ》く花《はな》です。そして、真《ま》っ赤《か》な実《み》は、唱歌《しょうか》「真《ま》っ赤《か》な秋《あき》」にも歌《うた》われました。打《う》ち出《で》の小槌《こづち》にも似《に》たカラスウリの種《たね》は、財布《さいふ》に入れておくと金運《きんうん》のお守《まも》りになります。ベビーパウダーを「てんかふん」と言《い》いますが、これは、カラスウリの仲間《なかま》のキカラスウリの根《ね》から取《と》れる白《しろ》い粉《こな》のことです。

見つけやすさ：	★★☆
漢字名：	烏瓜
英名：	japanese snake gourd
別名：	玉章（タマズサ）、狐の枕
花期：	夏～秋
花言葉：	よき便り、男嫌い

つるの右巻《みぎま》き左巻《ひだりま》き

朝顔《あさがお》のつるは右巻《みぎま》きと書《か》いてある本《ほん》と、左巻《ひだりま》きと書《か》いてある本《ほん》があります。上《うえ》から見《み》れば左巻《ひだりま》き、下《した》から見《み》れば右巻《みぎま》きなのです。らせん階段《かいだん》を下《お》りるときと、上《のぼ》るときで逆《ぎゃく》になるのと同《おな》じです。今《いま》は、植物《しょくぶつ》の伸《の》びていく方向《ほうこう》で見《み》ることが多《おお》いので、朝顔《あさがお》は右巻《みぎま》きになります。つるが巻《ま》いている支《し》柱《ちゅう》を握《にぎ》ったときに、右手《みぎて》で握《にぎ》った四本《よんほん》の指《ゆび》の向《む》きと同《おな》じ方向《ほうこう》に巻《ま》いていれば右巻《みぎま》き、左手《ひだりて》で握《にぎ》った四本《よんほん》の指《ゆび》の向《む》きと同《おな》じ方向《ほうこう》に巻《ま》いていれば左巻《ひだりま》きです。

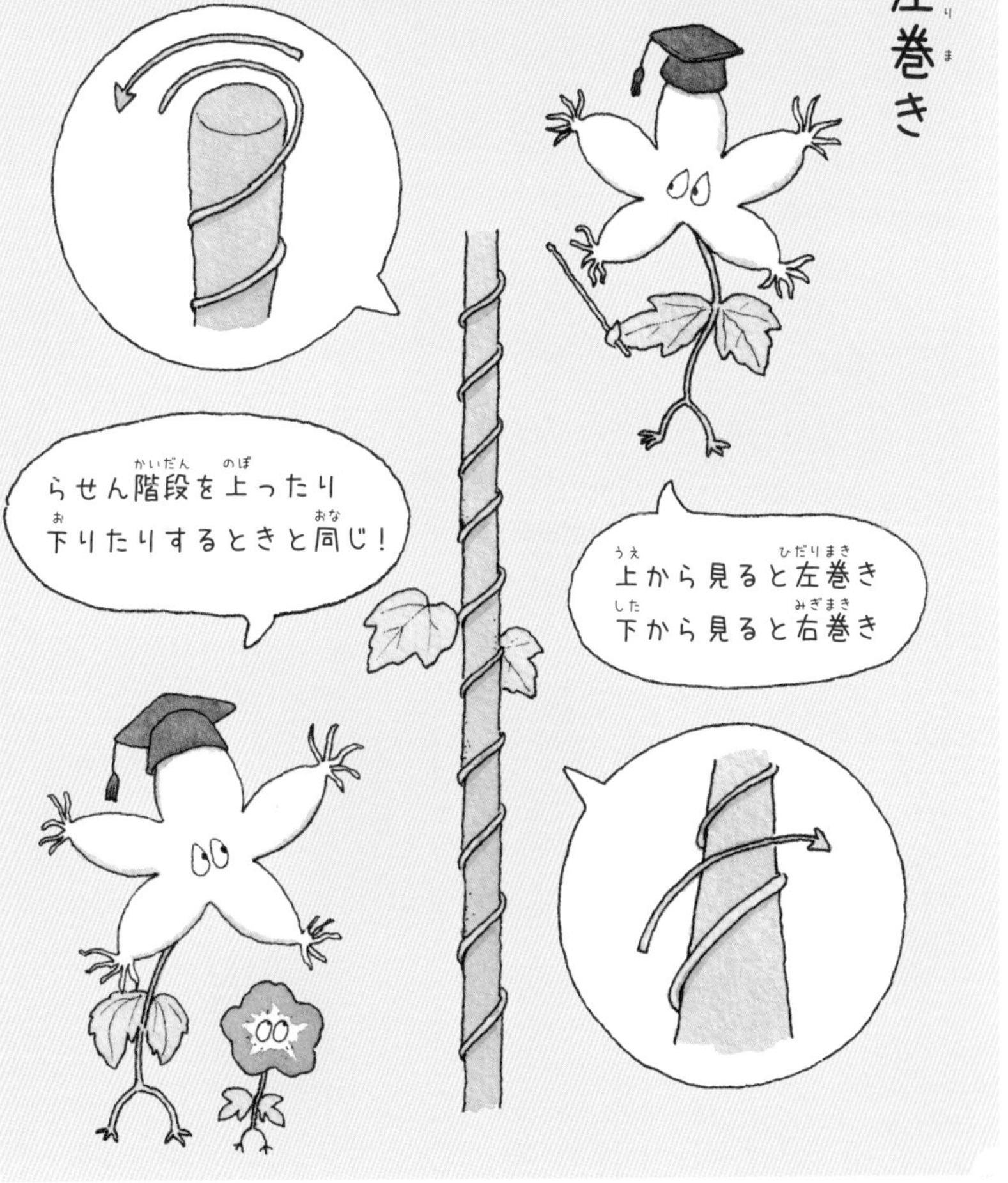
上《うえ》から見《み》ると左巻《ひだりまき》き
下《した》から見《み》ると右巻《みぎまき》き
らせん階段《かいだん》を上《のぼ》ったり
下《お》りたりするときと同《おな》じ！

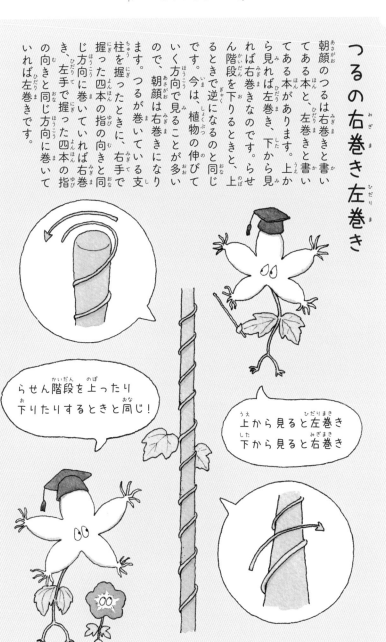

VICIA SATIVA

わき目《め》を振《ふ》って

カラスノエンドウ

「どうして集中《しゅうちゅう》して勉強《べんきょう》できないの?」

注意散漫《ちゅういさんまん》な子《こ》どもたちを見《み》ていると、ついついそう怒《おこ》ってしまいます。子《こ》どもたちはあらゆるものに興味《きょうみ》を持《も》ちます。それが、ときとして注意散漫《ちゅういさんまん》なように見《み》えるのです。しかし、これって悪《わる》いことなのでしょうか。

人間《にんげん》の世界《せかい》では「わき目《め》もふらず」にひとつの物事《ものごと》に取《と》り組《く》むことは良《よ》いこととされています。しかし、植物《しょくぶつ》の成長《せいちょう》にとって、わき目《め》の存在《そんざい》は欠《か》かせないものです。もっとも、植物《しょくぶつ》の場合《ばあい》は「目《め》」はないので、「わき芽《め》」の話《はなし》です。

植物《しょくぶつ》は、葉《は》の付《つ》け根《ね》にわき芽《め》を作《つく》りながら茎《くき》を伸《の》ばしていきます。わき芽《め》の多《おお》くは、芽《め》のままで成長《せいちょう》しません。しかし、わき芽《め》には大切《たいせつ》な役割《やくわり》があります。

茎《くき》がまっすぐに伸《の》びているときには、わき芽《め》は必要《ひつよう》ありません。しかし、茎《くき》の成長《せいちょう》は、順調《じゅんちょう》に伸《の》びていくばかりではありません。不慮《ふりょ》の事態《じたい》に茎《くき》の先端《せんたん》がポキンと折《お》れてしまうこともあります。じつは、この時《とき》にわき芽《め》が成長《せいちょう》して新《あら》たな茎《くき》を作《つく》ります。そして植物《しょくぶつ》は、成長《せいちょう》を続《つづ》けることができるのです。

わき芽《め》をふることなく成長《せいちょう》する方《ほう》が、より早《はや》く成長《せいちょう》することができるかもしれません。しかし、もしわき芽《め》がなかったらどうでしょう。一度《いちど》、挫折《ざせつ》すると、それで成長《せいちょう》が止《と》まってしまいます。わき芽《め》をたくさん持《も》っているからこそ、折《お》れても折《お》れても再《ふたた》び成長《せいちょう》を始《はじ》めることができるのです。

植物《しょくぶつ》が成長《せいちょう》していくためには、積極的《せっきょくてき》に「わき芽《め》」をふることがとても大切《たいせつ》なことなのです。

子《こ》どもたちもまたいろいろなことに「わき目《め》」をふります。それは、成長《せいちょう》の一休《ひとやす》みに見《み》えるかもしれません。しかし、がむしゃらに成長《せいちょう》するだけではポキンと折《お》れて終《お》わってしまいます。もしかすると、いつかつまずいたときや壁《かべ》にぶつかったときに、その「わき目《め》」が見事《みごと》に成長《せいちょう》を遂《と》げるのかもしれません。

ちゃんと集中《しゅうちゅう》して宿題《しゅくだい》しなさいよー
はーい
ポン
進《すす》んでるのーー?
うーん
ポン
できたーー?
………
ポン
あのーー宿題《しゅくだい》は…
これからやるところー…

カラスノエンドウってこんな植物

熟《じゅく》した豆果《とうか》(莢《さや》)が
真《ま》っ黒《くろ》になるからカラス
最後《さいご》は弾《はじ》けて種《たね》を飛《と》ばす

花《はな》の付《つ》け根《ね》の花外蜜腺《かがいみつせん》から
蜜《みつ》を出《だ》しアリを呼《よ》び寄《よ》せる

植物《しょくぶつ》が蜜《みつ》をためるのは花《はな》だけではありません。カラスノエンドウは葉《は》っぱの付《つ》け根《ね》からも蜜《みつ》を出《だ》します。葉《は》の付《つ》け根《ね》の黒《くろ》い模様《もよう》が蜜腺《みつせん》。アリは、この蜜腺《みつせん》を守《まも》ろうと、やってくる昆虫《こんちゅう》を追《お》い払《はら》います。こうして、甘《あま》い蜜《みつ》でアリを仲間《なかま》につけて、害虫《がいちゅう》から守《まも》ってもらう作戦《さくせん》なのです。

見つけやすさ：★★★　**漢字名：**烏野豌豆　**英名：**narrow-leaved vetch

別名：矢筈豌豆（ヤハズエンドウ）、シービービー　**花期：**春　**花言葉：**絆、小さな恋人達

草笛《くさぶえ》のいろいろ

身近《みぢか》な植物《しょくぶつ》の中《なか》には草笛《くさぶえ》になるものもあります。カラスノエンドウの別名《べつめい》はピーピー豆《まめ》。莢《さや》の中《なか》の豆《まめ》を取《と》り出《だ》してから、へたの方《ほう》に切《き》り込《こ》みを入《い》れて、くわえて吹《ふ》くと、ピーピーと音《おと》がします。スズメノテッポウの別名《べつめい》はピーピー草《ぐさ》。穂《ほ》を抜《ぬ》きとって、葉《は》を下《した》に下《さ》げてから、くちびるをつけて吹《ふ》くとピーピーと音《おと》が鳴《な》ることから名付《なづ》けられました。タンポポの茎《くき》を切り取《と》って、片方《かたほう》をつぶして吹《ふ》いても笛《ふえ》になります。上手《じょうず》に吹《ふ》くことができるかな。

COMMELINA COMMUNIS

節《ふし》目《め》の話《はなし》

ツユクサ

植物《しょくぶつ》は茎《くき》に節目《ふしめ》を持《も》つものが多《おお》くあります。節目《ふしめ》にも、先述《せんじゅつ》の茎《くき》のわき芽《め》と同《おな》じ役割《やくわり》があります。

夏《なつ》の朝《あさ》、涼《すず》しげな青《あお》い花《はな》を咲《さ》かせて私《わたし》たちを楽《たの》しませてくれるツユクサは、じつは畑《はたけ》では困《こま》り者《もの》の雑草《ざっそう》です。草取《くさと》りに負《ま》けないツユクサの強《つよ》さの秘密《ひみつ》は茎《くき》の節目《ふしめ》にあります。

ツユクサは、成長《せいちょう》しながら茎《くき》に節目《ふしめ》を作《つく》ります。成長《せいちょう》しては節目《ふしめ》を作《つく》り、節目《ふしめ》を作《つく》ってまた再《ふたた》び茎《くき》を伸《の》ばすのです。茎《くき》が折《お》れてしまったときには、この節目《ふしめ》から地面《じめん》に根《ね》を下《お》ろし、そこから再《ふたた》び成長《せいちょう》を始《はじ》めることができるのです。

そういえば、「季節《きせつ》の節目《ふしめ》」や「人生《じんせい》の節目《ふしめ》」など、私《わたし》たちは「節目《ふしめ》」という言葉《ことば》をよく使《つか》います。昔《むかし》は節目《ふしめ》をとても大切《たいせつ》にしました。たとえば、一年《いちねん》には二十四節気《にじゅうしせっき》がありました。また、お祭《まつ》りの日《ひ》など季節行事《きせつぎょうじ》を行《おこな》う非日常的《ひにちじょうてき》なハレの日《ひ》と日常的《にちじょうてき》なケの日《ひ》を設《もう》けてメリハリをつけました。

節目《ふしめ》はそれまでの成長《せいちょう》を振《ふ》り返《かえ》り、また次《つぎ》の成長《せいちょう》のステップを踏《ふ》む大切《たいせつ》な時間《じかん》なのかもしれません。しっかりとした節目《ふしめ》を持《も》っていれば、たとえ成長《せいちょう》がつまずいても、再《ふたた》び成《せい》長《ちょう》を始《はじ》めることができるのです。

子《こ》どもが産《う》まれると、通過儀礼《つうかぎれい》と呼《よ》ばれる行事《ぎょうじ》の多《おお》さに驚《おどろ》かされます。現在《げんざい》、一般的《いっぱんてき》な慣習《かんしゅう》として残《のこ》っているものだけでも、お七夜《しちや》、初参《はつまい》り、お食《く》い初《ぞ》め、初節句《はつぜっく》や七五三《しちごさん》などなど、いくつもの節目《ふしめ》となる行事《ぎょうじ》があります。

これらの行事《ぎょうじ》は子《こ》どもたちの成長《せいちょう》をしっかりと刻《きざ》んで、より確《たし》かなものにしていくためめの、昔《むかし》の人《ひと》の知恵《ちえ》だったのかもしれません。節目《ふしめ》のある生長《せいちょう》は、倒《たお》れても折《お》れても、再《ふたた》び力強《ちからづよ》く立《た》ち上《あ》がることができるのです。

初参《はつまい》り
あーん
はーい
お食《く》い初《ぞ》め
初節句《はつぜっく》
七五三《しちごさん》

ツユクサ
って
こんな植物

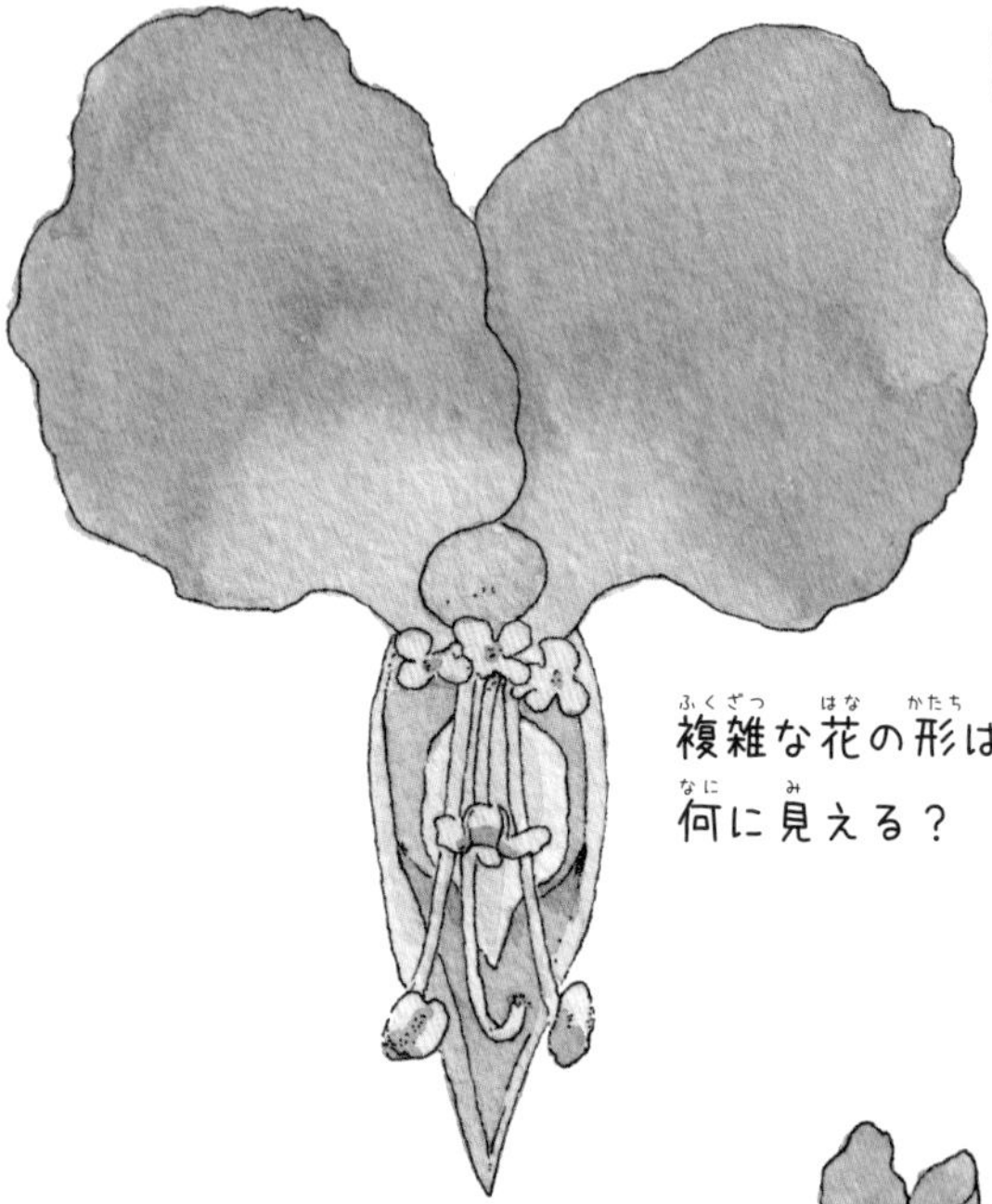

複雑《ふくざつ》な花《はな》の形《かたち》は
何《なに》に見《み》える？

朝《あさ》に咲《さ》いて
昼《ひる》にしぼむ花《はな》が
朝露《あさつゆ》のようだから露草《つゆくさ》

花《はな》の形《かたち》は何《なに》に見《み》えましたか？ 帽《ぼう》子《し》をかぶった人《ひと》やホタル、ミッキーマウスに見《み》えるという人《ひと》もいるようです。昼《ひる》にしぼみ朝露《あさつゆ》のようにはかないとされるツユクサですが、二枚貝《にまいがい》のように閉《と》じた苞葉《ほうよう》の中《なか》に次《つぎ》の日《ひ》に咲《さ》く花《はな》のつぼみが隠《かく》されていて、意外《いがい》にしたたかという見《み》方《かた》もできます。ちなみに、つぶすと青《あさ》い色《いろ》が「着《つ》」くので、昔《むかし》はツキクサと呼《よ》ばれていました。

見つけやすさ：★★★

漢字名：露草　**英名**：dayflower

別名：帽子草、鈴虫草　**花期**：夏

花言葉：尊敬、小夜曲

季節《きせつ》の節句《せっく》と植物《しょくぶつ》

植物《しょくぶつ》は邪気《じゃき》を払《はら》うパワーがあるとされていて、さまざまな季節行事《きせつぎょうじ》に使《つか》われます。三月三日《さんがつみっか》のひな祭《まつ》りは「桃《もも》の節句《せっく》」と呼《よ》ばれます。五月五日《ごがついつか》のこどもの日《ひ》は「端午《たんご》の節句《せっく》」です。ショウブ湯《ゆ》に入《はい》ったり、ちまきや柏餅《かしわもち》を食《た》べます。七月七日《しちがつなのか》は七夕《たなばた》の節句《せっく》。笹《ささ》に短冊《たんざく》を飾《かざ》ります。九月九日《くがつここのか》の重陽《ちょうよう》の節句《せっく》は「菊《きく》の節句《せっく》」ですが、あまり祝《いわ》われません。旧暦《きゅうれき》は、今《いま》の暦《こよみ》と時期《じき》がずれます。そのため、季《き》節感《せっかん》がずれて使《つか》われなくなった植物《しょくぶつ》もあるのです。

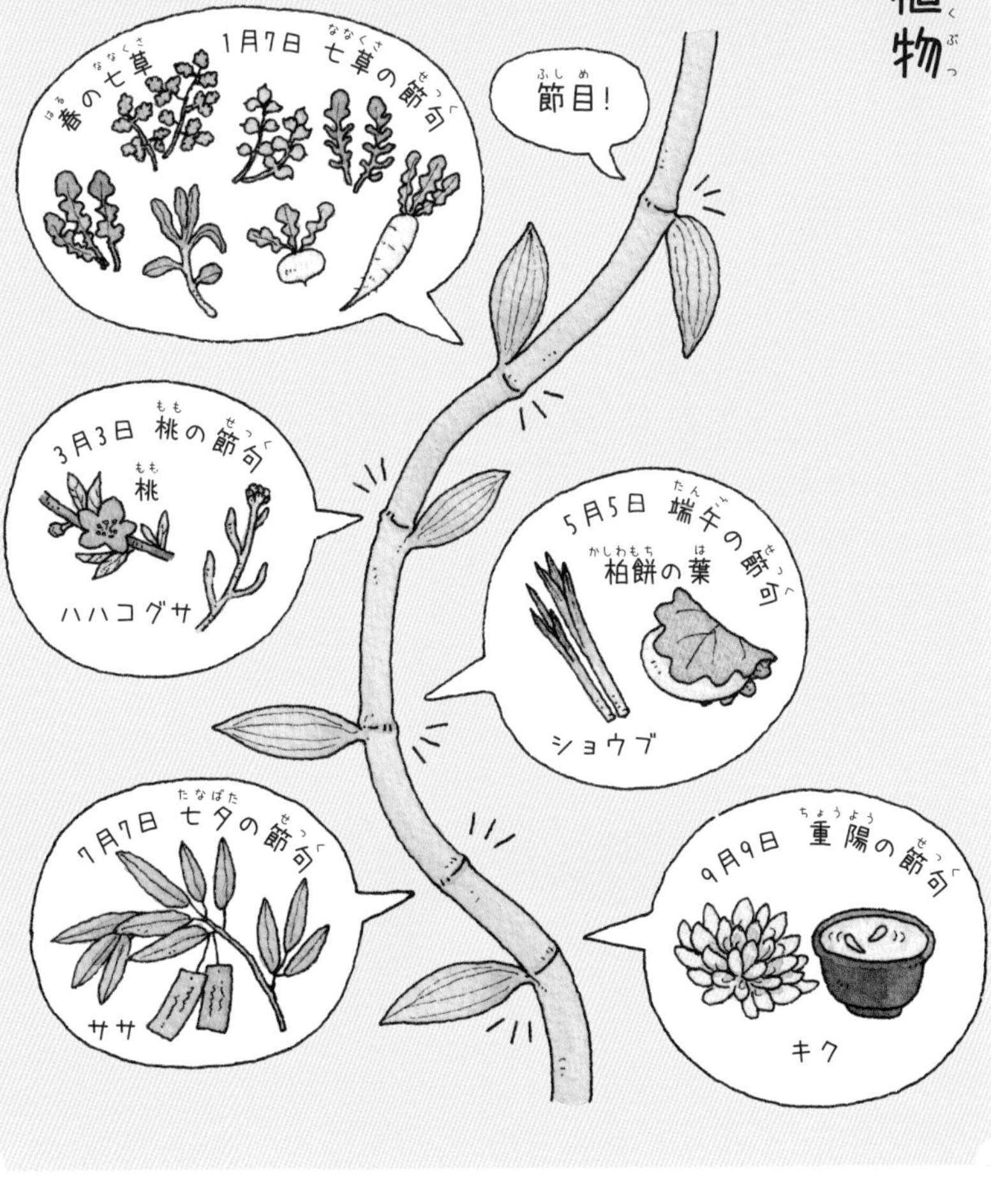
節目《ふしめ》!
1月7日 七草《ななくさ》の節句《せっく》
春《はる》の七草《ななくさ》
3月3日 桃《もも》の節句《せっく》
桃《もも》
ハハコグサ
5月5日 端午《たんご》の節句《せっく》
柏餅《かしわもち》の葉《は》
ショウブ
7月7日 七夕《たなばた》の節句《せっく》
ササ
9月9日 重陽《ちょうよう》の節句《せっく》
キク

PENNISETUM ALOPECUROIDES

根《ね》っこが大《だい》事《じ》

チカラシバ

道端《みちばた》に生《は》えるチカラシバは、まるでブラシのような大《おお》きな穂《ほ》をつける野《の》の草《くさ》です。一見《いっけん》するとネコジャラシのお化《ば》けのようにも見《み》えます。

このチカラシバを引《ひ》き抜《ぬ》こうとしても、根《ね》がしっかりと張《は》っていてなかなか抜《ぬ》けません。力《ちから》いっぱい引《ひ》っ張《ぱ》っても抜《ぬ》けない力強《ちからづよ》さから「力芝《ちからしば》」と名《な》づけられたのです。

オヒシバは、げじげじ眉毛《まゆげ》のような太《ふと》い穂《ほ》をつけます。この草《くさ》も引《ひ》っ張《ぱ》っても抜《ぬ》けないので「力草《ちからぐさ》」の別名《べつめい》があります。大地《だいち》に根《ね》を張《は》ったチカラシバやオヒシバは、実際《じっさい》にはどれくらいの量《りょう》の根《ね》を張《は》り巡《めぐ》らせているのでしょうか。

イネ科《か》の植物《しょくぶつ》は「ひげ根《ね》」といって、ひげのように細《こま》かい根《ね》っこをたくさん伸《の》ばします。残念《ざんねん》ながら、チカラシバやオヒシバでは調《しら》べられていませんが、同《おな》じイネ科《か》のライ麦《むぎ》では、調《しら》べられています。ライ麦《むぎ》の細《こま》かい根《ね》っこをすべてつなぎあわせると、いったい、どれくらいの長《なが》さになるでしょうか。

子《こ》どもたちに訊《たず》ねると「一〇《じゅう》メートルくらいかなぁ」と首《くび》をかしげました。

「もっとだよ」

「じゃあ、一〇〇《ひゃく》メートル」

「もっともっと」

「まさか一《いち》キロメートル？」

正解《せいかい》は、なんと六〇〇《ろっぴゃく》キロメートル。これは、東京《とうきょう》―神戸《こうべ》間《かん》にも匹敵《ひってき》する距離《きょり》です。たった一本《いっぽん》の草《くさ》が、地面《じめん》の下《した》にこんなにもたくさんの根《ね》っこを張《は》り巡《めぐ》らせているのです。

おそらくは、チカラシバやオヒシバも相当《そうとう》の根《ね》っこを張《は》っているはずです。このたくさんの根《ね》っこが引《ひ》っ張《ぱ》っても抜《ぬ》けない強《つよ》い力《ちから》になるのです。

「根性《こんじょう》」「根気《こんき》」「性根《しょうね》」など私《わたし》たちは根《ね》という言葉《ことば》をよく使《つか》います。根《ね》が大切《たいせつ》だということを知《し》っているのです。それなのに、私《わたし》たちはつい、テストで百点《ひゃくてん》を取《と》ったとか、運動会《うんどうかい》で一番《いちばん》になったとか、目《め》に見《み》える成長《せいちょう》ばかりに気《き》をとられがちです。しかし、根《ね》っこの成《せい》長《ちょう》は目《め》には見《み》えません。

子《こ》どもたちは、さまざまなことを体験《たいけん》し、日々《ひび》根《ね》っこを伸《の》ばしています。そして、四方《しほう》八方《はっぽう》に張《は》り巡《めぐ》らされた根《ね》っこがいつしか強《つよ》い力《ちから》を生《う》むのです。

＝ 600キロメートル!
たった一本《いっぽん》の草《くさ》の根《ね》っこが…
根をつなげてみると…
新神戸
600キロメートル!
東京
ハッ
うっ、抜《ぬ》けない…!
根《ね》っこ、すごい!
ぐぐぐ…
フフフ…

根《ね》っこも いろいろ 地面下《じめんした》の世界《せかい》

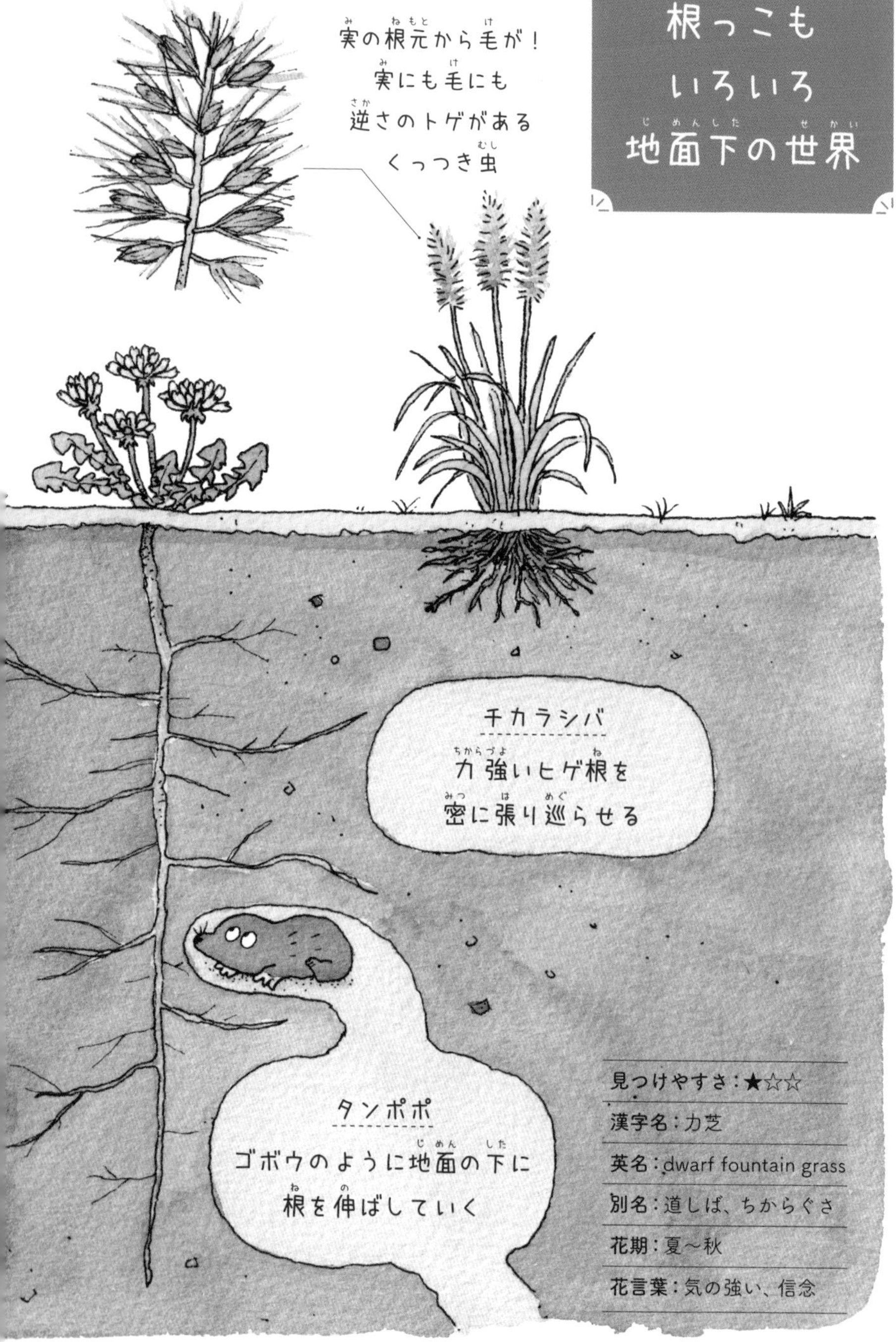
実《み》の根元《ねもと》から毛《け》が！
実《み》にも毛《け》にも
逆《さか》さのトゲがある
くっつき虫《むし》
チカラシバ
力強《ちからづよ》いヒゲ根《ね》を
密《みつ》に張《は》り巡《めぐ》らせる
タンポポ
ゴボウのように地面《じめん》の下《した》に
根《ね》を伸《の》ばしていく

見つけやすさ：★☆☆

漢字名：力芝

英名：dwarf fountain grass

別名：道しば、ちからぐさ

花期：夏～秋

花言葉：気の強い、信念

根《ね》はたいてい、太《ふと》い主根《しゅこん》から側根《そっこん》を出《だ》し、さらに細《こま》かい根《ね》っこを出《だ》していきます。この方《ほう》が根《ね》っことしてはしっかりしているけれど、時間《じかん》がかかります。チカラシバのような草《くさ》はスピード勝負《しょうぶ》。とにかくヒゲのように根《ね》っこをたくさん伸《の》ばします。サッカーやバスケットボールで一気呵成《いっきかせい》に攻《せ》める速攻《そっこう》のイメージかな？　地下《ちか》でつながっているつくしとスギナ。スギナはあまりに深《ふか》くまで地下茎《ちかけい》が伸《の》びていることから、昔《むかし》の人《ひと》は地獄《じごく》まで伸《の》びていると「地獄草《じごくぐさ》」と呼《よ》んでいたそうです。

MISCANTHUS SINENSIS

自《し》然《ぜん》に生《は》える力《ちから》

ススキ

江戸時代《えどじだい》に書《か》かれた書物《しょもつ》に「田畑植物《たばたしょくぶつ》のたとえ」というものがあります。田畑《たばた》の植物《しょくぶつ》は水《みず》をやっても日照《ひで》りに枯《か》れていくのに、道端《みちばた》の草《くさ》は、水《みず》もやらないのに青々《あおあお》と茂《しげ》っていると、自然《しぜん》に生《は》えるものの強《つよ》さをたたえたのです。

人《ひと》が植《う》えたものは、どこか無理《むり》を強《し》いています。しかし、道端《みちばた》に生《は》えた雑草《ざっそう》は自然《しぜん》に生《は》えたものです。無理強《むりじ》いしたものは弱《よわ》く、自然《しぜん》に生《は》えてくるものは強《つよ》いのだと「田畑植物《たばたしょくぶつ》のたとえ」は教《おし》えているのです。

人間《にんげん》の心《こころ》もまた同《おな》じかもしれません。外《そと》から与《あた》えられたものは肥料《ひりょう》や水《みず》を与《あた》え続《つづ》けられなければ育《そだ》つことができません。しかし、自分《じぶん》の内《うち》からわきあがってくる興味《きょうみ》ややる気《き》は、どんどん育《そだ》っていきます。それは雑草《ざっそう》が適《てき》した場所《ばしょ》に生《は》えるように、その人《ひと》にもっとも適《てき》したものが生《しょう》じてくるからなのです。

子《こ》どもたちはさまざまなものに興味《きょうみ》を持《も》ちます。そして、さまざまなものに挑戦《ちょうせん》したがります。時《とき》として、それは親《おや》が外《そと》から植《う》えつけようとするものと別《べつ》のものかもしれません。

しかし、どうでしょう。私《わたし》たちは子《こ》どもたちの内《うち》から生《は》えてくるものを「雑草《ざっそう》」として簡単《かんたん》に抜《ぬ》き去《さ》ってはいないでしょうか。音楽《おんがく》をやりたい子《こ》に無理《むり》やりサッカーをさせて、その芽《め》を摘《つ》むようなことをしてはいないでしょうか。反対《はんたい》に本当《ほんとう》はサッカーのやりたい子《こ》に音楽《おんがく》をさせていないでしょうか。遊《あそ》んでいるように見《み》える子《こ》も、集中《しゅうちゅう》して夢中《むちゅう》に取《と》り組《く》んでいる子《こ》どもたちの中《なか》には、何《なに》かが成長《せいちょう》している可能性《かのうせい》があります。

いつか日照《ひで》りのときに、無理《むり》やり与《あた》えたものの弱《よわ》さを見《み》せつけられてしまうかもしれません。そして、自然《しぜん》に生《しょう》じたものは、日照《ひで》りのときに力《ちから》を発揮《はっき》するかもしれません。

ススキ

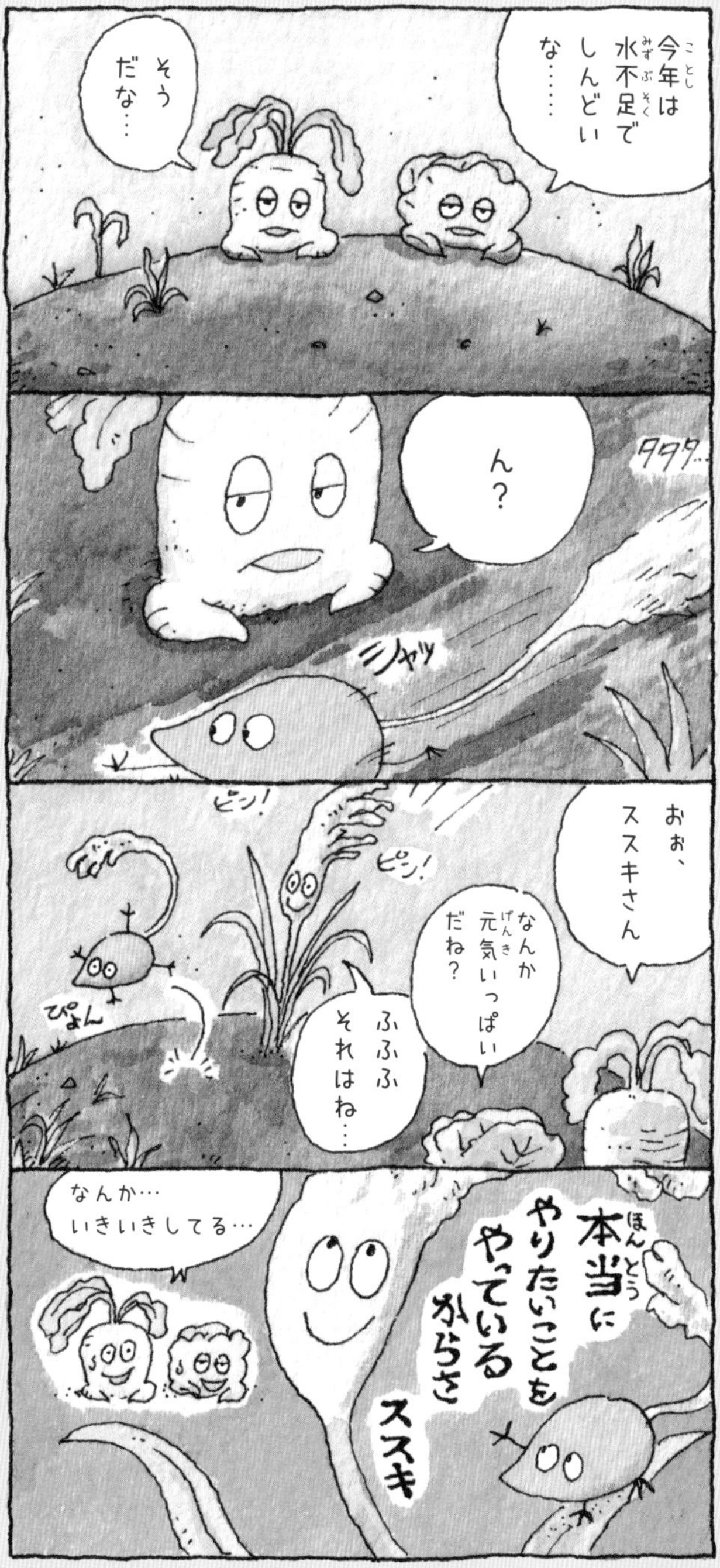
今年《ことし》は
水不足《みずぶそく》で
しんどい
な……
そう
だな…
ん？
タタタ…
シャッ
おお、
ススキさん
なんか
元気《げんき》いっぱい
だね？
ふふふ
それはね…
ピン！
ピン！
ぴょん
なんか…
いきいきしてる…
本当《ほんとう》に
やりたいことを
やっている
からさ
ススキ

ススキ
って
こんな植物

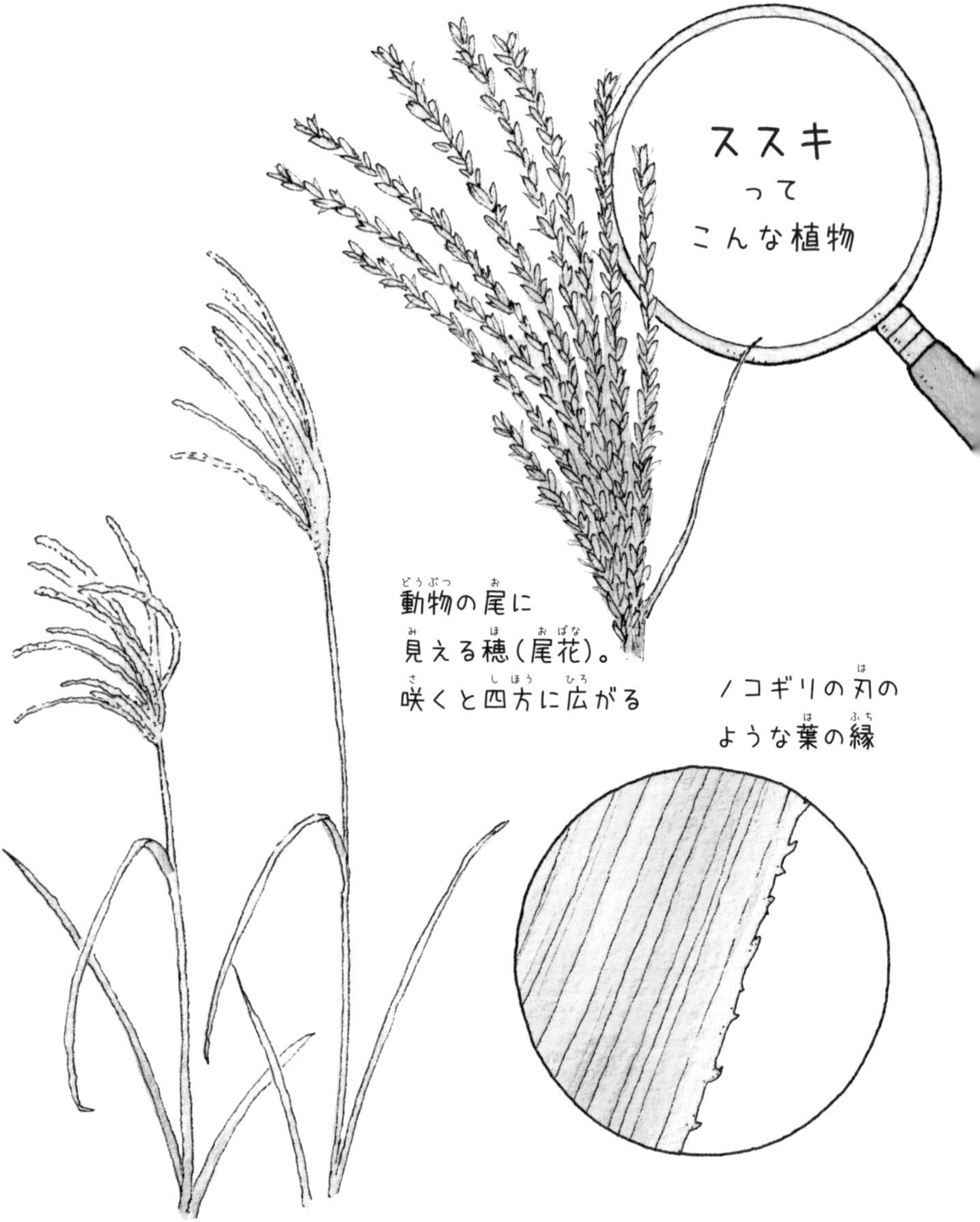
動物《どうぶつ》の尾《お》に
見《み》える穂《ほ》(尾花《おばな》)。
咲《さ》くと四方《しほう》に広《ひろ》がる
ノコギリの刃《は》の
ような葉《は》の縁《ふち》

ススキの葉《は》は切《き》れやすいので、観察《かんさつ》するときには注意《ちゅうい》が必要《ひつよう》です。葉《は》をよく見《み》ると、のこぎりの刃《は》のようになっています。ススキは硬《かた》いガラス質《しつ》でできたギザギザで身《み》を守《まも》っているのです。しかし、草《くさ》を食《た》べるように進化《しんか》をしたウシなどの草食動物《そうしょくどうぶつ》は、平気《へいき》でススキを食《た》べることができます。

見つけやすさ	★★☆
漢字名	薄
英名	japanese pampas grass
別名	尾花、萱
花期	夏〜秋
花言葉	活力、勢力

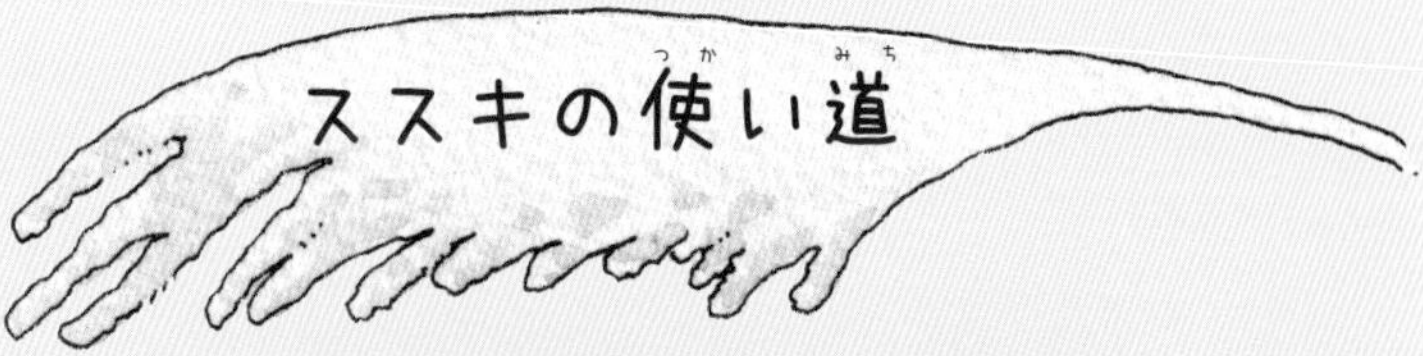

ススキの使《つか》い道《みち》

いまでこそ雑草《ざっそう》ですが、昔《むかし》は競《きそ》い合《あ》ってススキを刈《か》って利用《りよう》しました。牛《うし》のエサにしたり、茅葺《かやぶ》き屋根《やね》にしたり、江戸時代《えどじだい》にはススキを刈《か》るために「茅場《かやば》」という場所《ばしょ》が作《つく》られたほどです。その茅葺《かやぶ》き屋根《やね》はとっても優《すぐ》れもの。たとえば、プラスチックのストローで屋根《やね》を作《つく》るとプラスチックは水《みず》をはじくので、水《みず》が漏《も》れてしまいます。しかし、ススキは水《みず》に濡《ぬ》れると表面《ひょうめん》に水《みず》の層《そう》をつくり、その層《そう》が水《みず》をはじきます。だから茅葺《かやぶ》き屋根《やね》は水《みず》が漏《も》れないのです。

CHAMAESYCE MACULATA

それぞれの伸《の》び方《かた》

コニシキソウ

「どうして、うちの子《こ》はみんなと同《おな》じようにできないの」

イライラして、つい怒鳴《どな》りたくなってしまうことがあります。しかし、みんなと同《おな》じってそんなに大事《だいじ》なことでしょうか。

野《の》の草《くさ》たちは、上《うえ》へ上《うえ》へと伸《の》びてゆきます。高《たか》く伸《の》びた方《ほう》が、光《ひかり》を浴《あ》びることができるからです。ところが、みんなが上《うえ》へ上《うえ》へと縦《たて》に伸《の》びていくのに、中《なか》には横《よこ》に伸《の》びていくへそ曲《ま》がりな草《くさ》もあります。コニシキソウもそんな草《くさ》のひとつです。

コニシキソウは歩道《ほどう》の上《うえ》など人《ひと》の往来《おうらい》の激《はげ》しい場所《ばしょ》によく生《は》えています。上《うえ》へ伸《の》びようとすれば、踏《ふ》まれた時《とき》に折《お》れてしまいます。そのため、最初《さいしょ》から横《よこ》に伸《の》びて、踏《ふ》まれたときのダメージを避《さ》けているのです。

しかし、みんなが縦《たて》に伸《の》びているのに、自分《じぶん》だけ横《よこ》へ伸《の》びても大丈夫《だいじょうぶ》なのでしょうか。例《たと》えば日《ひ》の光《ひかり》。地《じ》べたに伸《の》びていては光《ひかり》を十分《じゅうぶん》に受《う》けることができないのではないでしょうか。その心配《しんぱい》は無用《むよう》なようです。踏《ふ》まれやすい環境《かんきょう》で生育《せいいく》できる植物《しょくぶつ》は多《おお》くありません。ライバルとなる他《ほか》の植物《しょくぶつ》がいないので、横《よこ》に伸《の》びたコニシキソウも、葉《は》っぱいっぱいに太陽《たいよう》の光《ひかり》を独占《どくせん》することができるのです。

それでは、花《はな》はどうでしょうか。花《はな》を高々《たかだか》と掲《かか》げなければ、花粉《かふん》を運《はこ》んでくれるハチやアブなどに見《み》つけてもらえないのではないでしょうか。

これも心配《しんぱい》はいらないようです。コニシキソウはハチやアブではなく、アリに花粉《かふん》を運《はこ》ばせることを考《かんが》えつきました。アリは地面《じめん》を這《は》ったコニシキソウの茎《くき》を伝《つた》いながら蜜《みつ》を集《あつ》め、口《くち》の回《まわ》りについた花粉《かふん》を運《はこ》んでいきます。アリは蜜《みつ》の匂《にお》いだけで集《あつ》まってくるので、他《ほか》の花《はな》のように美《うつく》しい花《はな》びらで装飾《そうしょく》してハチやアブを呼《よ》び寄《よ》せる必要《ひつよう》がありません。そのため、コニシキソウの花《はな》は雄《お》しべ一本《いっぽん》、雌《め》しべ一本《いっぽん》という、ごくシンプルな構造《こうぞう》をしています。さらに、アリが相手《あいて》だからごく小《ちい》さい花《はな》を咲《さ》かせればいいし、蜜《みつ》の量《りょう》も少《すこ》しでいい。個性的《こせいてき》なシンプルライフはじつに豊《ゆた》かで快適《かいてき》なようです。

みんなと違《ちが》う伸《の》び方《かた》で大成功《だいせいこう》を収《おさ》めたコニシキソウ。草《くさ》にはそれぞれの伸《の》び方《かた》があるということを教《おし》えてくれているようです。

コニシキソウ

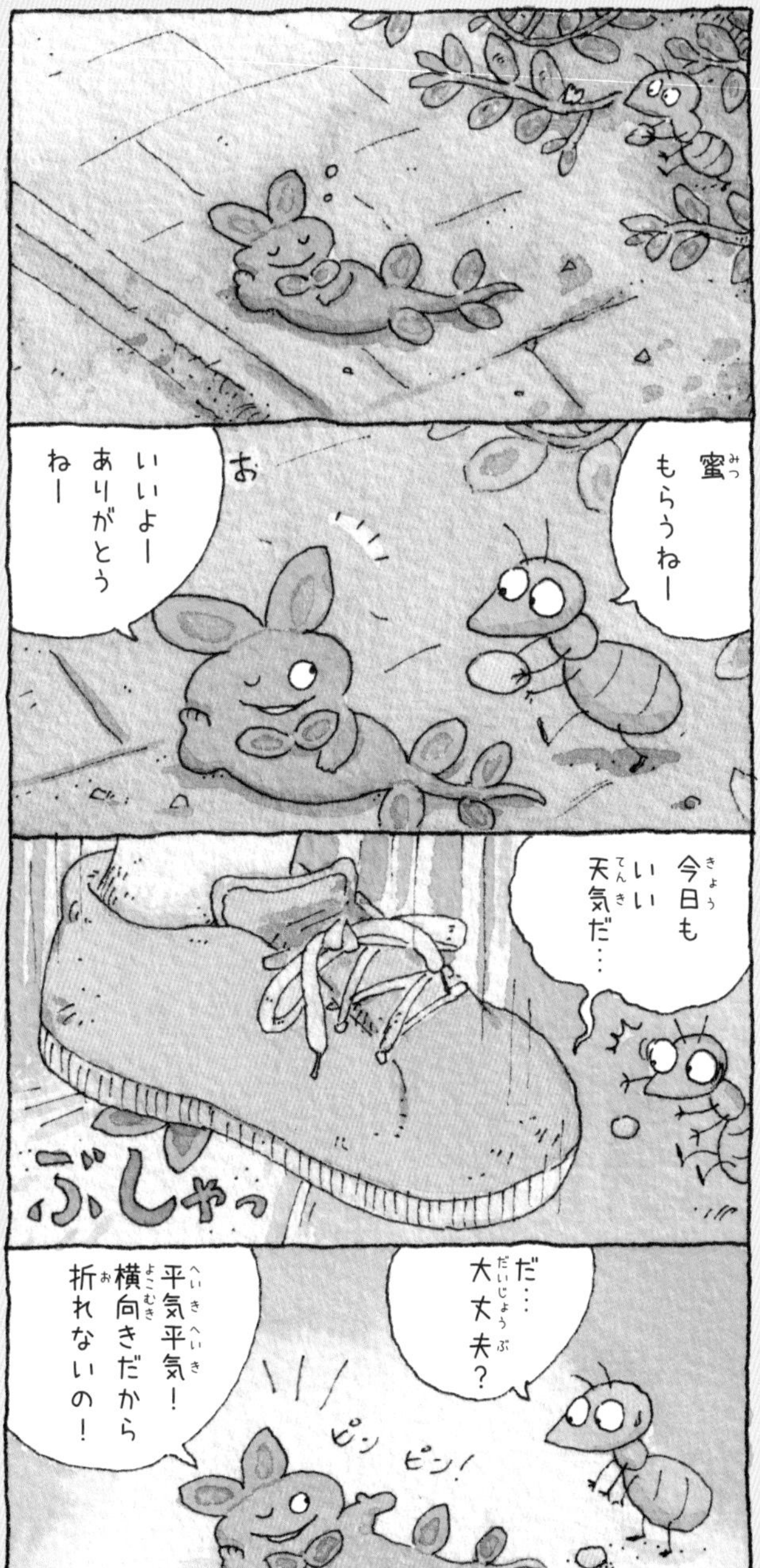
蜜《みつ》もらうねー
お
いいよー ありがとう ねー
今日《きょう》も いい 天気《てんき》だ…
ぶしゃっ
だ… 大丈夫《だいじょうぶ》？
ピン ピン！
平気平気《へいきへいき》！ 横向《よこむ》きだから 折《お》れないの！

コニシキソウってこんな植物

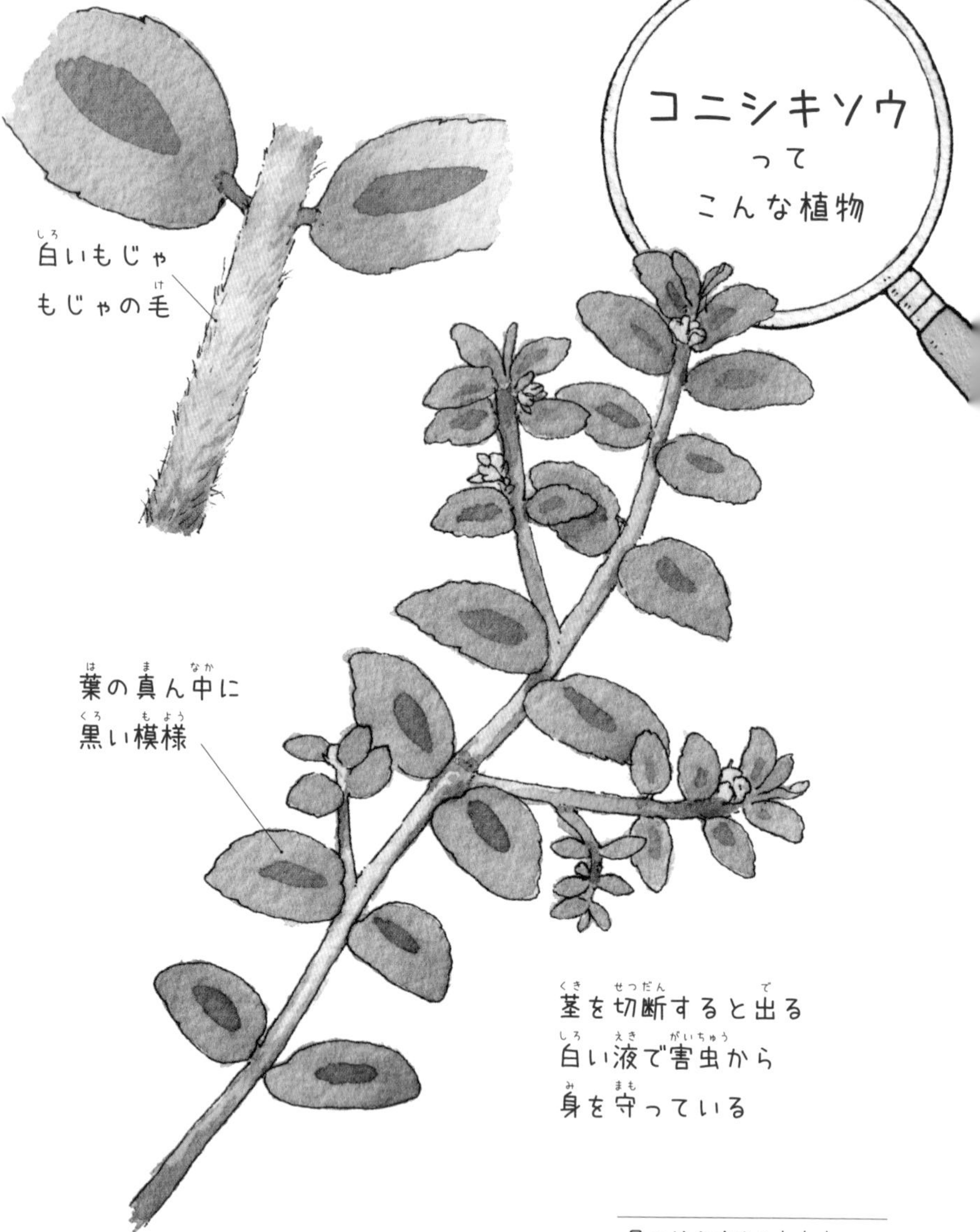
白《しろ》いもじゃもじゃの毛《け》
葉《は》の真《ま》ん中《なか》に黒《くろ》い模様《もよう》
茎《くき》を切断《せつだん》すると出《で》る白《しろ》い液《えき》で害虫《がいちゅう》から身《み》を守《まも》っている

見慣《みな》れた道《みち》でも散歩《さんぽ》したときに気《き》がつくものがあります。立《た》ち止《ど》まったときに初《はじ》めて気《き》がつくものもあります。しゃがみこんでみると初《はじ》めて見《み》える風景《ふうけい》もあります。コニシキソウの花《はな》をよく見《み》ると、アリが忙《いそが》しそうに蜜《みつ》を集《あつ》めています。誰《だれ》も気《き》がつかない足下《あしもと》に広《ひろ》がる光景《こうけい》です。

見つけやすさ	★★★
漢字名	小錦草
英名	spotted spurge
別名	乳草
花期	夏
花言葉	執着、密かな情熱

いろいろな草《くさ》の伸《の》び方《かた》

人間《にんげん》は上《うえ》に伸《の》びることに一生懸命《いっしょうけんめい》に見《み》えますが、植物《しょくぶつ》は上《うえ》に伸《の》びるだけではありません。それぞれの環境《かんきょう》に合《あ》わせて、さまざまな伸《の》び方《かた》をします。同《おな》じ種類《しゅるい》であっても、直立型《ちょくりつがた》になったり匍匐型《ほふくがた》になったり自由自在《じゆうじざい》なのです。

草《くさ》は上《うえ》に伸《の》びるだけじゃない。じつは横《よこ》に伸《の》びる戦略《せんりゃく》がいっぱいある！

縦《たて》に伸《の》びる
（直立型《ちょくりつがた》）
イノコヅチ、オナモミ、ホウキギクなど

枝分《えだわ》かれしながら横《よこ》に伸《の》びる（分枝型《ぶんしがた》）
ハコベ、ツユクサ、スベリヒユなど

地面《じめん》に茎《くき》を伸《の》ばしてどんどん横《よこ》に伸《の》びる
（匍匐型《ほふくがた》）
ヘビイチゴ、シロツメクサ、コニシキソウなど

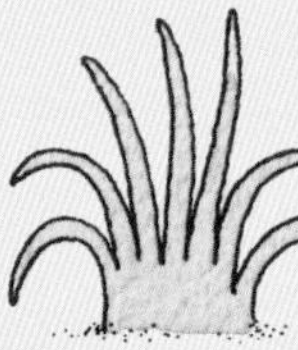

茎《くき》を伸《の》ばさずに葉《は》を茂《しげ》らせる（叢生型《そうせいがた》）
ススキ、スズメノカタビラ、チカラシバ、カヤツリグサ、エノコログサなど

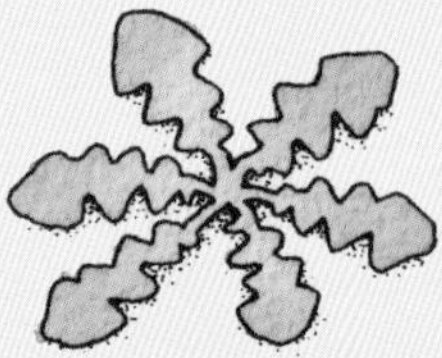

葉《は》だけ広《ひろ》げて茎《くき》を伸《の》ばさない
（ロゼット型《がた》）
タンポポ、コオニタビラコ、オオバコなど

つるで伸《の》びる
（つる型《がた》）
カラスノエンドウ、カラスウリ、クズなど

地面《じめん》で踏《ふ》まれながら生《は》えている草《くさ》
ツメクサなど

PORTULACA OLERACEA

成《せい》長《ちょう》の尺《しゃく》度《ど》

スベリヒユ

植物《しょくぶつ》は上《うえ》へ上《うえ》へと伸《の》びてゆきます。そして、私《わたし》たちは、上《うえ》へ上《うえ》へと伸《の》びることを喜《よろこ》びます。育《そだ》てている植物《しょくぶつ》が大《おお》きく育《そだ》つことはうれしいことです。

しかし、１１４ページで紹介《しょうかい》したコニシキソウのように植物《しょくぶつ》の世界《せかい》では上《うえ》へ伸《の》びることが必《かなら》ずしも良《よ》いとは限《かぎ》りません。それぞれの種類《しゅるい》によって適《てき》した伸《の》び方《かた》があり、環境《かんきょう》によっても適《てき》した伸《の》び方《かた》は変《か》わります。植物《しょくぶつ》の伸《の》び方《かた》にはさまざまなタイプがあるのです。上《うえ》へ伸《の》びずに横《よこ》に伸《の》びる植物《しょくぶつ》もたくさんあります。スベリヒユもそのひとつです。スベリヒユは横《よこ》へ横《よこ》へと茎《くき》を伸《の》ばしていきます。

植物《しょくぶつ》の生育《せいいく》を測《はか》る指標《しひょう》に「草高《くさだか》」と「草丈《くさだけ》」があります。

草高《くさだか》と草丈《くさだけ》はよく似《に》た言葉《ことば》ですが、意味《いみ》していることは違《ちが》います。草高《くさだか》は根元《ねもと》から植物《しょくぶつ》の先端《せんたん》までの高《たか》さです。一方《いっぽう》の草丈《くさだけ》は、根元《ねもと》から植物《しょくぶつ》の先端《せんたん》までの長《なが》さです。どちらも同《おな》じように思《おも》えます。たしかに縦《たて》に伸《の》びる植物《しょくぶつ》にとっては草高《くさだか》も草丈《くさだけ》も同《おな》じです。ところが、横《よこ》に伸《の》びる植物《しょくぶつ》にとってはその意味《いみ》するところは大《おお》きく違《ちが》います。

草高《くさだか》は地面《じめん》から垂直方向《すいちょくほうこう》への高《たか》さですから、横《よこ》に伸《の》びる植物《しょくぶつ》はどんなに成長《せいちょう》して草丈《くさだけ》を伸《の》ばしても、草高《くさだか》はゼロのままなのです。

私《わたし》たちは植物《しょくぶつ》の成長《せいちょう》をつい草高《くさだか》で見《み》てしまいがちです。上《うえ》へ上《うえ》へと伸《の》びてくれば、そろそろ草取《くさど》りをしなければと感《かん》じますが、地面《じめん》を這《は》って横《よこ》へ伸《の》びている雑草《ざっそう》の成長《せいちょう》にはなかなか気《き》が付《つ》きません。しかし、人間《にんげん》にとって草高《くさだか》が大事《だいじ》でも植物《しょくぶつ》にとっては生育《せいいく》を測《はか》る尺《しゃく》度《ど》はあくまでも草丈《くさだけ》なのです。

草丈《くさだけ》を測《はか》るためには、ただ物差《ものさ》しを立《た》てているだけではいけません。植物《しょくぶつ》の成長《せいちょう》の方向《ほうこう》に寄《よ》り添《そ》って、物差《ものさ》しを当《あ》てなければ、草丈《くさだけ》は測《はか》れないのです。

さて、子《こ》どもたちの成長《せいちょう》はどうでしょうか。私《わたし》たちは子《こ》どもたちの成長《せいちょう》をきちんと草丈《くさだけ》で測《はか》っているでしょうか。それとも草高《くさだか》ばかりを気《き》にして、評価《ひょうか》してはいないでしょうか。

120cm
ピタ…
20cm
ピタ…
よーし…
ぐぐ…
バッ
あ！
横幅《よこはば》では勝《か》ったぞ！

スベリヒユってこんな植物

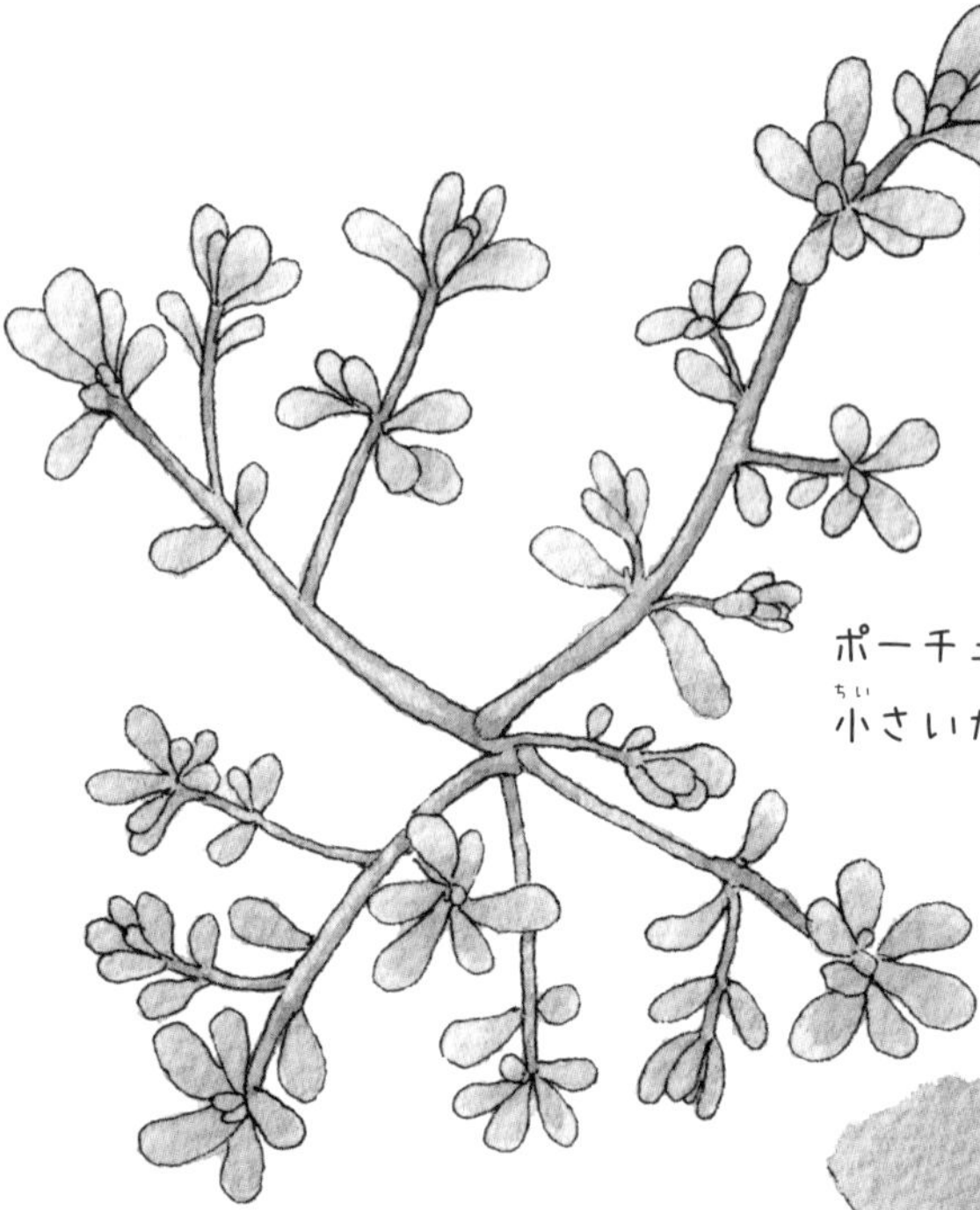

ポーチュラカの仲間《なかま》で花《はな》は
小《ちい》さいがとてもきれい

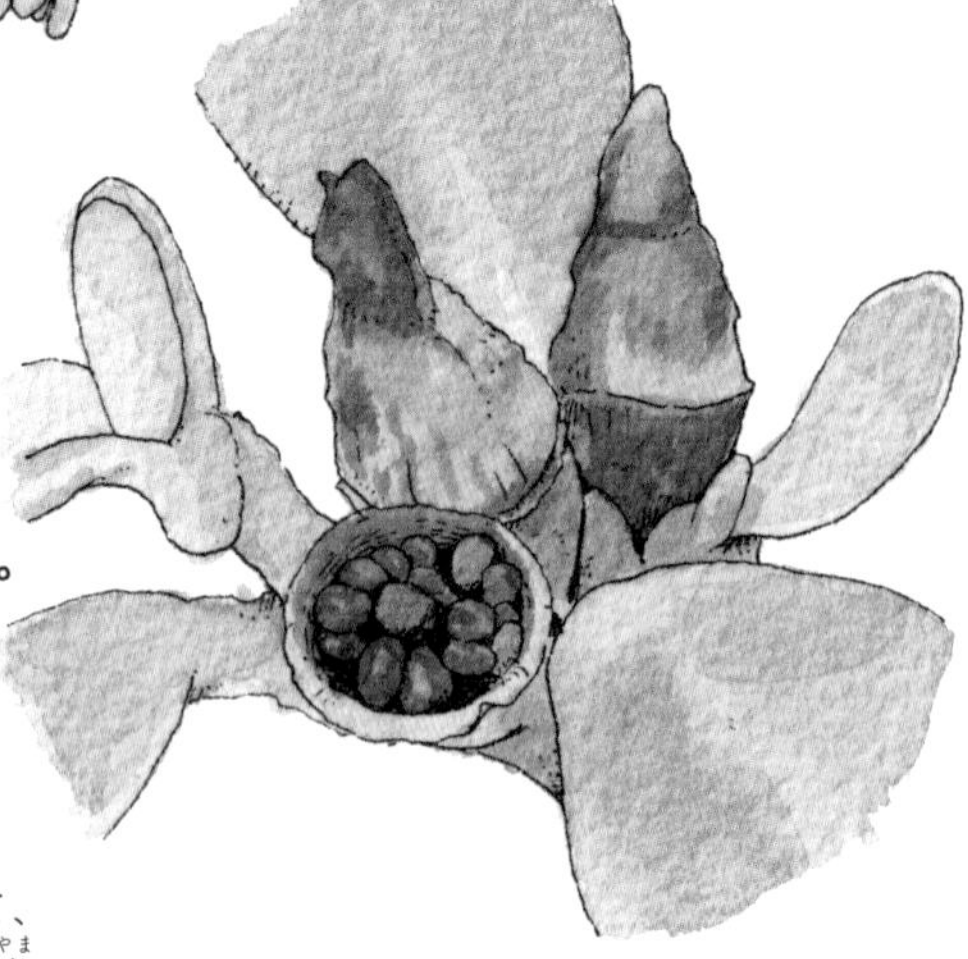

実《み》が熟《じゅく》すと
帽子《ぼうし》のような蓋《ふた》がとれる。
属名《ぞくめい》「小《ちい》さい帽子《ぼうし》」

葉《は》っぱが多肉質《たにくしつ》でぬるっとしていて、足《あし》で踏《ふ》むと滑《すべ》るので「滑《すべ》りヒユ」。山形《やまがた》などでは「すべらん草《そう》」の別名《べつめい》もあり、受験生《じゅけんせい》がゲン担《かつ》ぎとして食《た》べる地域《ちいき》も。昼間《ひるま》に気孔《きこう》を閉《と》じて蒸発《じょうはつ》を防《ふせ》ぐサボテンと同《おな》じ仕《し》組《く》みを持《も》ち乾燥《かんそう》に強《つよ》い。生命力《せいめいりょく》も強《つよ》く、万葉《まんよう》の時代《じだい》は縁起《えんぎ》物《もの》として軒下《のきした》に飾《かざ》られた。

見つけやすさ：★★☆

漢字名：滑莧

英名：common purslane

別名：ひでり草、のんべえ草、よっぱらい草

花期：夏

花言葉：いつも元気、無邪気

身近《みぢか》な植物《しょくぶつ》には毒《どく》のあるものは少《すく》ないので、
天《てん》ぷらなどにすると食《た》べられます。ただし、
犬《いぬ》のお散歩《さんぽ》コースや除草剤《じょそうざい》をまいているかもしれない公園《こうえん》の
雑草《ざっそう》は食《た》べない方《ほう》が無難《ぶなん》。

イヌビユのおひたし

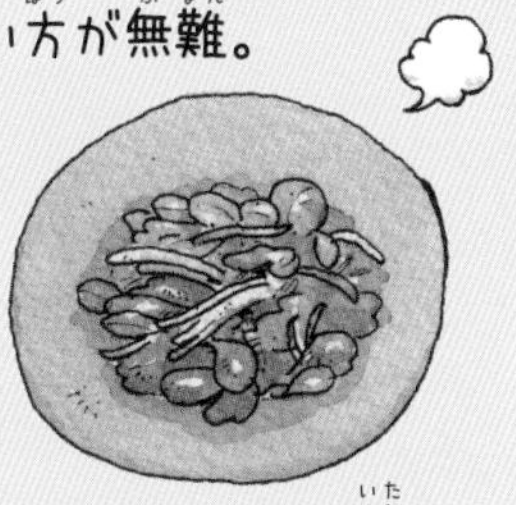

ヒユのバター炒《いた》め

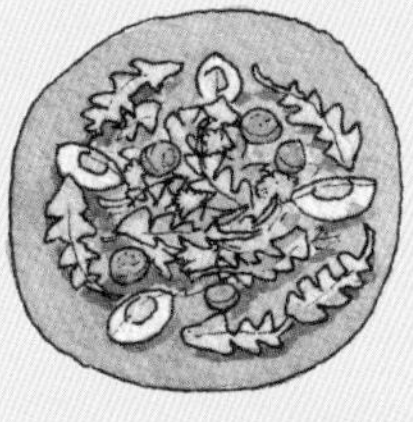

タンポポのサラダ

ハコベのオムレツ

つくしの卵《たまご》とじ

食《た》べられる雑草《ざっそう》

ヒユはアマランサスとも呼《よ》ばれるインド原産《げんさん》の野菜《やさい》。えぐ味《み》がなく昔《むかし》からおいしい雑草《ざっそう》の代《だい》表《ひょう》でバター炒《いた》めが美味《びみ》。スベリヒユはヒユとは似《に》ても似《に》つかないが、味《あじ》が似《に》ていることから、ヒユと名付《なづ》けられました。イヌビユもヒユの仲間《なかま》で、おひたしや天《てん》ぷらがおいしい。ハコベはパセリの代《か》わりに使《つか》ったり、卵《たまご》と混《ま》ぜてオムレツもおすすめ。西洋《せいよう》タンポポはヨーロッパでは野菜《やさい》。日本《にほん》にももともとは野菜《やさい》として持《も》ち込《こ》まれました。レタスに似《に》た苦《にが》みはあるけれど、サラダで食《た》べられます。つくしは野草摘《やそうつ》みの定番《ていばん》。

TRIFOLIUM REPENS

幸《しあわ》せのシンボルは踏《ふ》まれて育《そだ》つ

シロツメクサ

シロツメクサも横《よこ》に伸《の》びて広《ひろ》がっていく野《の》の草《くさ》のひとつです。

シロツメクサは一般《いっぱん》にクローバーと呼《よ》ばれています。トランプのクローバーのマークで知《し》られるように、シロツメクサの葉《は》っぱは三《み》つ葉《ば》です。ところが、ときどき四《よ》つ葉《ば》の葉《は》っぱが見《み》つかります。

「四《よ》つ葉《ば》のクローバー」は、幸運《こううん》のシンボルとして広《ひろ》く知《し》られています。四《よ》つ葉《ば》のクローバーの由来《ゆらい》は、セント・パトリックがクローバーの三《み》つ葉《ば》を愛《あい》・希望《きぼう》・信仰《しんこう》の三位一体《さんみいったい》にたとえ、四枚目《よんまいめ》を幸福《こうふく》と説《と》いたことに始《はじ》まるとされています。

四《よ》つ葉《ば》のクローバー探《さが》しに夢中《むちゅう》になった思《おも》い出《で》を持《も》つ人《ひと》も多《おお》いでしょう。一面《いちめん》のクローバーにしゃがみ込んで、四《よ》つ葉《ば》のクローバーを探《さが》すのは楽《たの》しい一時《ひととき》です。

じつは、この四《よ》つ葉《ば》のクローバーを探《さが》すにはこつがあります。四《よ》つ葉《ば》になりやすい場所《ばしょ》というのがあるのです。

四《よ》つ葉《ば》が生《しょう》じる原因《げんいん》はいろいろと考《かんが》えられていますが、ひとつには葉《は》っぱの基《もと》となる部分《ぶぶん》が傷《きず》つけられたことによる奇形《きけい》であるとも言《い》われています。ですから、道端《みちばた》や運動場《うんどうじょう》など、踏《ふ》まれやすいところを探《さが》すのがポイントなのです。

よく踏《ふ》まれるところで幸福《こうふく》のシンボルが見《み》つかるというのは少《すこ》し意外《いがい》な気《き》がします。しかし、本当《ほんとう》の幸《しあわ》せは踏《ふ》まれて育《そだ》つということを四《よ》つ葉《ば》のクローバーは私《わたし》たちに語《かた》りかけてくれているのかもしれません。

見《み》つからないなー
じーーー
あ！あった！
見《み》つけたよー
良かったね
4つ葉のクローバー
愛《あい》
希望《きぼう》
幸福《こうふく》
信仰《しんこう》

シロツメクサ
ってこんな植物

白《しろ》い花《はな》が球状《きゅうじょう》に密集《みっしゅう》
蜜《みつ》のある場所《ばしょ》は外《そと》からは
見《み》えない…なぜ？

ムラサキツメクサ

別名《べつめい》アカツメクサ
葉《は》に白《しろ》い毛《け》が

モモイロツメクサ

桃色《ももいろ》の花《はな》を咲《さ》かせる

蜜《みつ》は小《ちい》さな花《はな》の奥《おく》のほうにあり、賢《かしこ》いミツバチだけが花《はな》びらを押《お》し広《ひろ》げて蜜《みつ》を吸《す》います。ミツバチにしか吸《す》えない構造《こうぞう》になることでシロツメクサ同士《どうし》での花粉《かふん》のやりとりが効率的《こうりつてき》に行《おこな》えるメリットがあります。花《はな》は咲《さ》き終《お》わると外側《そとがわ》から垂《た》れていきます。

見つけやすさ：	★★★
漢字名：	白詰草
英名：	white clover
別名：	クローバー、馬肥し
花期：	春～夏
花言葉：	約束、復讐

くさかんむりの作《つく》り方《かた》

①

二本《にほん》の花《はな》を首《くび》の部分《ぶぶん》でクロスさせる

②

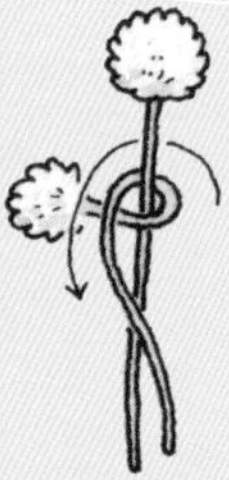

上《うえ》にかぶせたほうの茎《くき》を後《うし》ろからまわして手前《てまえ》に出《だ》す

③

同《おな》じ要領《ようりょう》で一本《いっぽん》ずつ足《た》していく

④

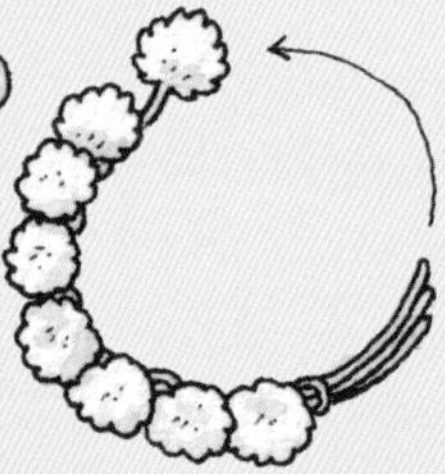

適当《てきとう》な長《なが》さまでつなげたら最後《さいご》の茎《くき》を最初《さいしょ》の茎《くき》の輪《わ》に絡《から》ませて完成《かんせい》！

子《こ》どもたちは花《はな》を摘《つ》んでは、上手《じょうず》に冠《かんむり》やブレスレットなどを編《あ》みました。花《はな》を編《あ》む方法《ほうほう》は、さまざまなやり方《かた》があります。いったい、誰《だれ》がこんな方法《ほうほう》を考《かんが》えたのでしょうか。子《こ》どもたちは本当《ほんとう》にすごいです。しかし、レンゲやクローバーのお花畑《はなばたけ》に座《すわ》って花《はな》を編《あ》む子《こ》どもたちの姿《すがた》は、今《いま》ではあまり見《み》られなくなってしまいました。お花畑《はなばたけ》がなくなってしまったのです。

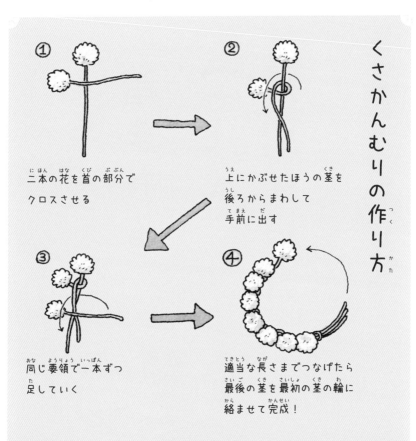

PLANTAGO ASIATICA

踏《ふ》まれることも悪《わる》くない

オオバコ

雑草《ざっそう》というと踏《ふ》まれているイメージがありますが、雑草《ざっそう》たちは踏《ふ》まれることに耐《た》えているばかりではありません。中《なか》には、踏《ふ》まれることを利用《りよう》しているものさえあります。踏《ふ》まれても蹴《け》られても、くじけないイメージがある雑草《ざっそう》――オオバコは、間違《まちが》いなくそんな雑草《ざっそう》の代表格《だいひょうかく》でしょう。オオバコは、道端《みちばた》やグラウンドなど、人《ひと》が行《い》き来《き》して、踏《ふ》まれやすい場所《ばしょ》によく生《は》えています。

踏《ふ》まれてもダメージが少《すく》ないように、葉《は》を地面《じめん》に張《は》り付《つ》くように広《ひろ》げています。また、大《おお》きな葉《は》はやわらかそうに見《み》えますが、葉《は》の中《なか》には五本《ごほん》の丈夫《じょうぶ》な糸《いと》が通《とお》っています。葉《は》をちぎってそっと引《ひ》っ張《ぱ》ると、この糸《いと》を抜《ぬ》き出《だ》すことができます。柔《やわ》らかさのなかに硬《かた》さを合《あ》わせ持《も》っているので、踏《ふ》まれても、ちぎれたり、やぶれたりしないのです。

花《はな》を咲《さ》かせるためには茎《くき》を伸《の》ばしますが、茎《くき》は葉《は》とは逆《ぎゃく》に外側《そとがわ》が硬《かた》く、中《なか》がやわらかい構造《こうぞう》になっています。そのため、しなりやすく、踏《ふ》まれても折《お》れません。

もちろん、オオバコは踏《ふ》みつけに耐《た》えているだけではありません。

オオバコの種子《しゅし》はゼリー状《じょう》の物質《ぶっしつ》を持《も》っていて、水《みず》に濡《ぬ》れると粘着《ねんちゃく》します。そして、人《ひと》の靴《くつ》や車《くるま》のタイヤにくっついて運《はこ》ばれていくのです。タンポポが風《かぜ》で種子《しゅし》を運《はこ》ぶように、オオバコは人《ひと》に踏《ふ》まれて種子《しゅし》を広《ひろ》げます。オオバコが道《みち》に沿《そ》って広《ひろ》がっているのはそのためです。

踏《ふ》まれることは植物《しょくぶつ》にとって嫌《いや》なことです。しかしオオバコにとって、踏《ふ》まれることは嫌《いや》なことでも、乗《の》り越《こ》えるべきことでもありません。オオバコは踏《ふ》まれないと困《こま》ってしまうくらいまでに、踏《ふ》まれることをプラスに変《か》えているのです。

逆境《ぎゃっきょう》さえ味方《みかた》にするこのたくましさこそ、まさに雑草魂《ざっそうだましい》と呼《よ》ぶにふさわしいかもしれません。

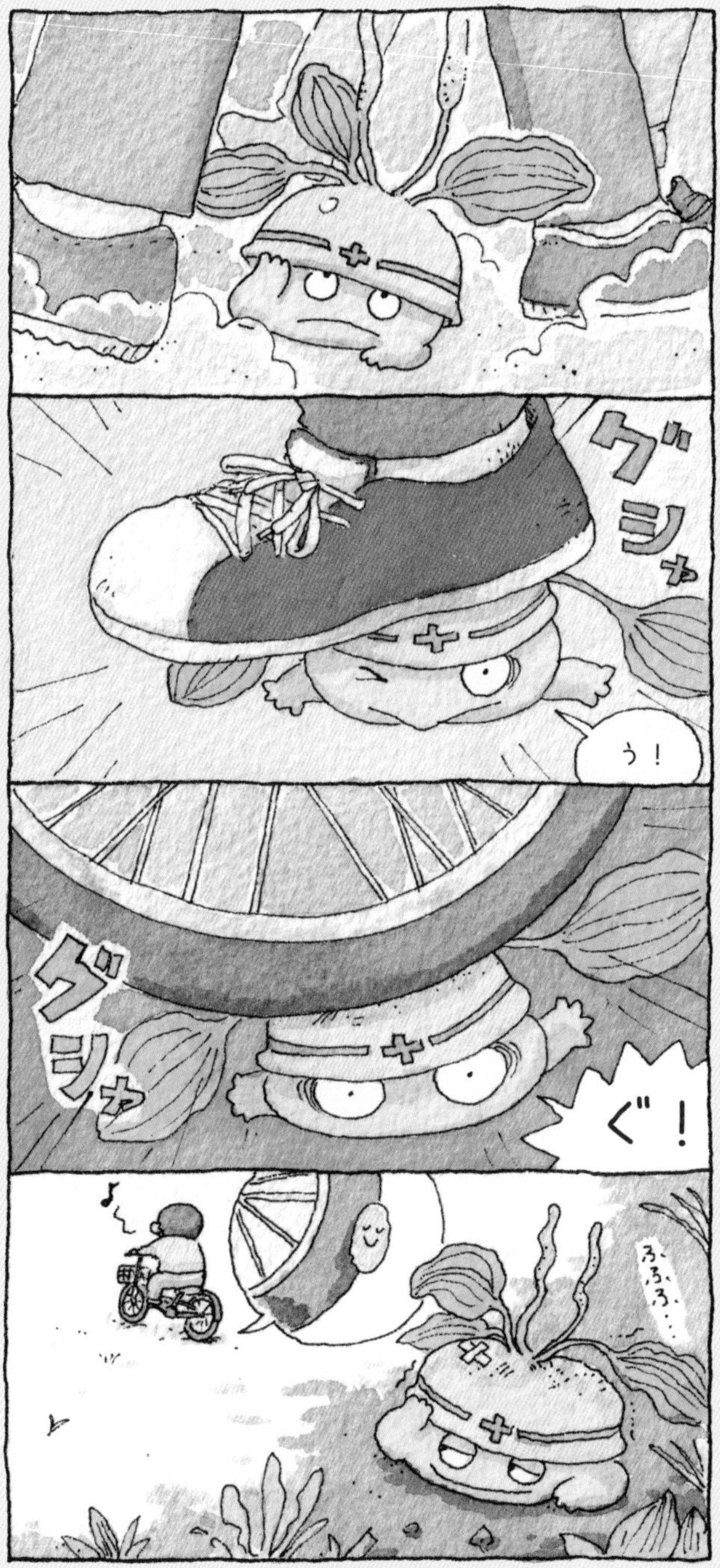
グシャ
う！
グシャ
ぐ！
ふふふ……

オオバコ
って
こんな植物

大《おお》きな葉《は》は
カエルに似《に》ているので
別名《べつめい》「きゃあろっぱ」
葉《は》を死《し》んだカエルに
かぶせると生《い》き返《かえ》る
という言《い》い伝《つた》えも

オオバコは、よく踏《ふ》まれるところと、踏《ふ》まれにくいところでは、生《は》え方《かた》が違《ちが》います。あまり踏《ふ》まれないところでは、葉《は》っぱを立《た》てますが、踏《ふ》まれやすいところでは、ダメージが少《すく》ないようにぴったりと地面《じめん》に葉《は》をつけています。ひんぱんに踏《ふ》まれるところでは、かわいらしい小《ちい》さい姿《すがた》で穂《ほ》をつけているものもあります。

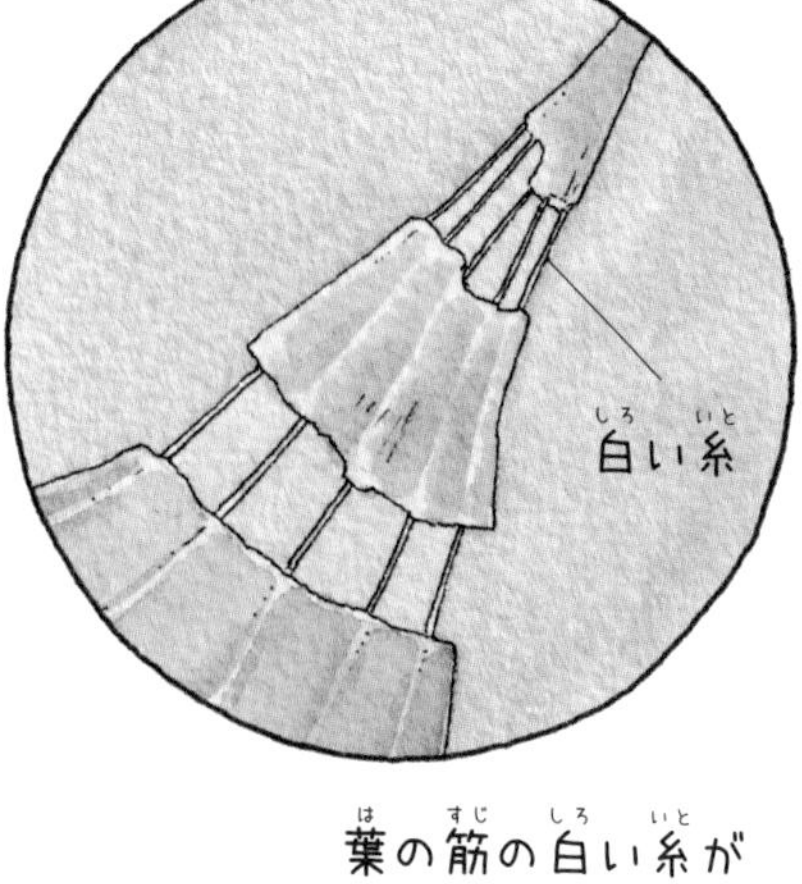

葉《は》の筋《すじ》の白《しろ》い糸《いと》が
踏《ふ》まれ強《づよ》さのひみつ？

見つけやすさ：★★★	
漢字名：大葉子	英名：chinese plantain
別名：車前草、かえるっぱ、すもうとり草	
花期：春～秋	花言葉：足跡を残す

いろいろな草相撲《くさずもう》

茎《くき》と茎《くき》を交差《こうさ》させて引《ひ》っ張《ば》り合《あ》い、ちぎれたら負《ま》けという草相撲《くさずもう》があります。いろいろな茎《くき》で試《ため》してみましょう。オオバコ以外《いがい》にも「すもうとり草《ぐさ》」と呼《よ》ばれる植物《しょくぶつ》があります。スミレはその一つです。花《はな》の付《つ》け根《ね》を引《ひ》っかけて、引《ひ》っ張《ば》り合《あ》って草相撲《くさずもう》をしたのです。メヒシバの穂《ほ》をちょんまげのように結《ゆ》って絡《から》めて引《ひ》っ張《ば》り合《あ》う草相撲《くさずもう》もありますし、穂《ほ》をひっくり返《かえ》して紙《かみ》相撲《ずもう》のようにして遊《あそ》ぶ方法《ほうほう》もあります。また、二股《ふたまた》に分《わ》かれた松葉《まつば》なども相撲《すもう》に使《つか》われます。

他《ほか》にも…

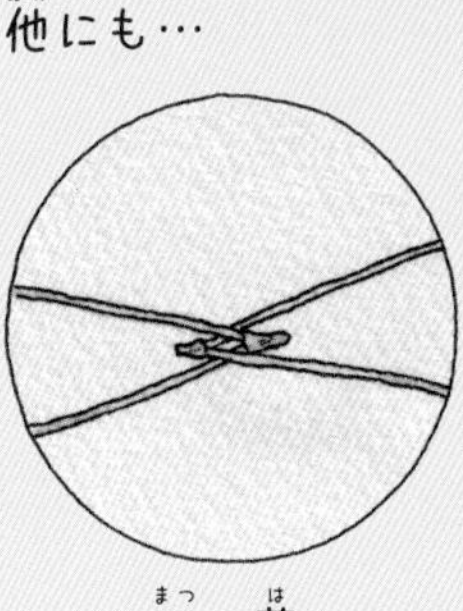
松《まつ》の葉《は》

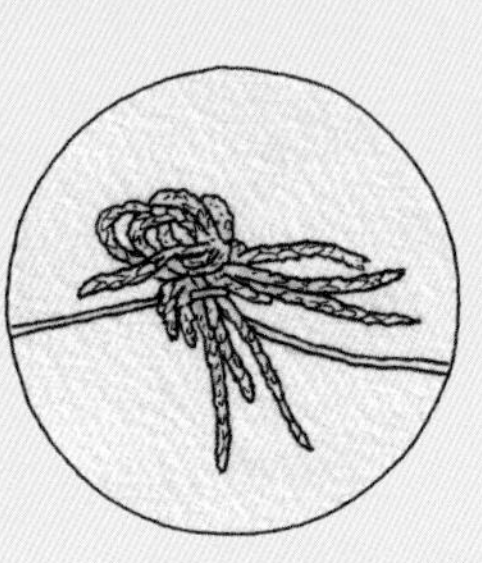
メヒシバ

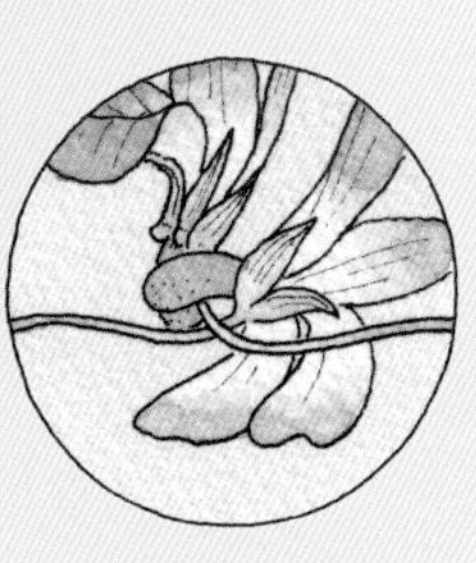
スミレ

TARAXACUM PLATYCARPUM

ゆずるということ

タンポポ

子《こ》どもたちはよく、ひとつのおもちゃを奪《うば》い合《あ》ってけんかをします。

「けんかしちゃダメでしょ。おもちゃを譲《ゆず》ってあげなさい」

大人《おとな》たちはあわてて、二人《ふたり》を仲直《なかなお》りさせます。

しかし、どうでしょう。私《わたし》たち大人《おとな》はちゃんと譲《ゆず》り合《あ》うことができるでしょうか。

タンポポは体操《たいそう》をすることが知《し》られています。

タンポポは茎《くき》をまっすぐ伸《の》ばして花《はな》を咲《さ》かせますが、花《はな》が咲《さ》き終《お》わると、茎《くき》を倒《たお》して地《じ》面《めん》に横《よこ》になってしまいます。そして、やがて種子《しゅし》が熟《じゅく》す頃《ころ》になると茎《くき》は再《ふたた》び立《た》ち上《あ》がり、一段《いちだん》と高《たか》い位置《いち》にまで茎《くき》を伸《の》ばすのです。この前屈運動《ぜんくつうんどう》のような茎《くき》の動《うご》きは、「タンポポ体操《たいそう》」と呼《よ》ばれています。

茎《くき》を高《たか》く伸《の》ばすのは、綿毛《わたげ》を風《かぜ》に乗《の》せて遠《とお》くへ飛《と》ばすためです。それでは、種子《しゅし》が熟《じゅく》すまでの間《あいだ》、地面《じめん》に横《よこ》たわるのはなぜでしょうか。ひとつには種子《しゅし》ができるまでの間《あいだ》、強風《きょうふう》などから身《み》を守《まも》るためであると考《かんが》えられています。

しかし、もうひとつ説《せつ》があります。それは、咲《さ》き終《お》わった花《はな》が身《み》を引《ひ》くことで、これから咲《さ》く新《あたら》しい花《はな》を昆虫《こんちゅう》たちに目立《めだ》たせる効果《こうか》もあるとされているのです。咲《さ》き終《お》わった花《はな》が、これから咲《さ》く花《はな》のために譲《ゆず》るのです。

同《おな》じような体操《たいそう》は他《ほか》の野《の》の花《はな》でも見《み》られます。たとえばハコベの花《はな》も、花《はな》が咲《さ》いている時《とき》は上向《うわむ》きですが、花《はな》が咲《さ》き終《お》わると下向《したむ》きに垂《た》れ下《さ》がります。そして、種《たね》が熟《じゅく》す頃《ころ》になると、種《たね》を遠《とお》くへ散布《さんぷ》するために再《ふたた》び上向《うわむ》きに立《た》ち上《あ》がるのです。

古《ふる》い花《はな》は欲張《よくば》らずに、新《あたら》しい花《はな》に譲《ゆず》ります。だからこそ、タンポポやハコベの花畑《はなばたけ》は美《うつく》しいのです。

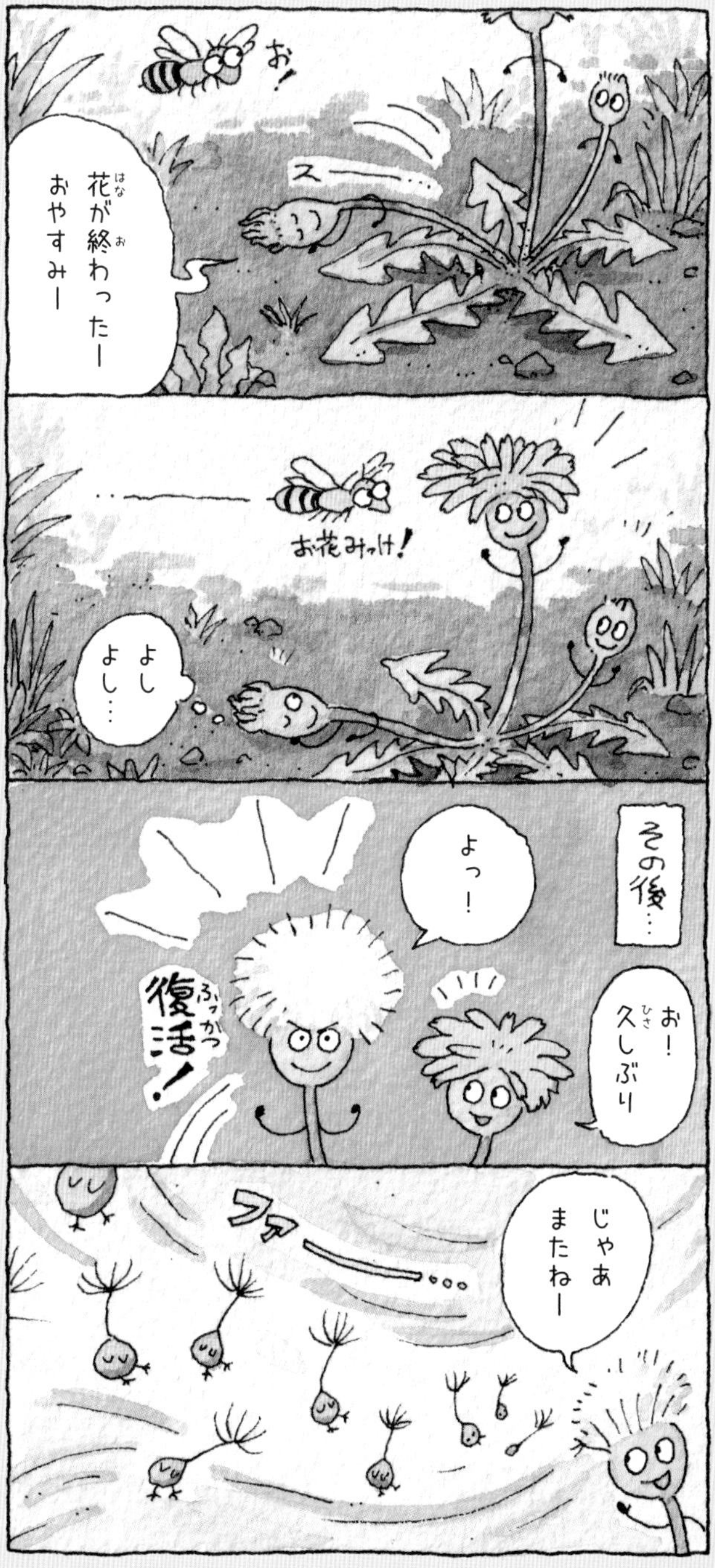
お!
スー……
花《はな》が終《お》わったー
おやすみー
……
お花みっけ!
よし
よし…
その後…
よっ!
お!
久《ひさ》しぶり
復活《ふっかつ》!
フワ――…
じゃあ
またねー

タンポポ
って
こんな植物

どうやって見分《みわ》ける？

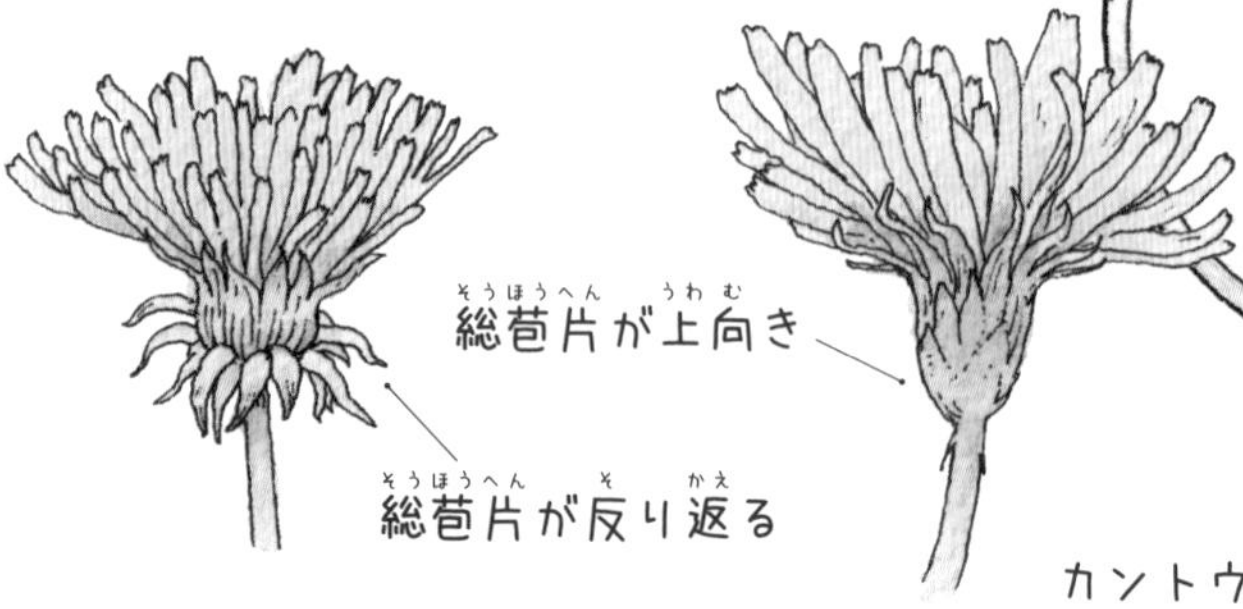
総苞片《そうほうへん》が上向《うわむ》き
総苞片《そうほうへん》が反《そ》り返《かえ》る

セイヨウタンポポ
カントウタンポポ

在来種《ざいらいしゅ》のカントウタンポポと外来種《がいらいしゅ》のセイヨウタンポポを見分《みわ》けるときは花《はな》の下側《したがわ》の総苞片《そうほうへん》（葉《は》が変化《へんか》したもの）をチェックします。ただし、近年《きんねん》は交雑《こうざつ》が進《すす》んで雑種《ざっしゅ》も多《おお》く見《み》られます。花《はな》びらのように見《み》える1枚《まい》1枚《まい》はじつは小《ちい》さい花《はな》で、タンポポは150本《ほん》以上《いじょう》の花《はな》が集《あつ》まってできた集合花《しゅうごうか》です。

見つけやすさ：★★★	
漢字名：日本蒲公英、西洋蒲公英	
英名：dandelion	
別名：ぐじ菜（タンポポ類の別名）	
花期：春～秋	**花言葉：**愛の神託

綿毛《わたげ》の下《した》には種子《しゅし》がひとつずつ
晴《は》れた日《ひ》に飛《と》び立《た》つ

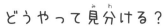

ゆずる植物《しょくぶつ》

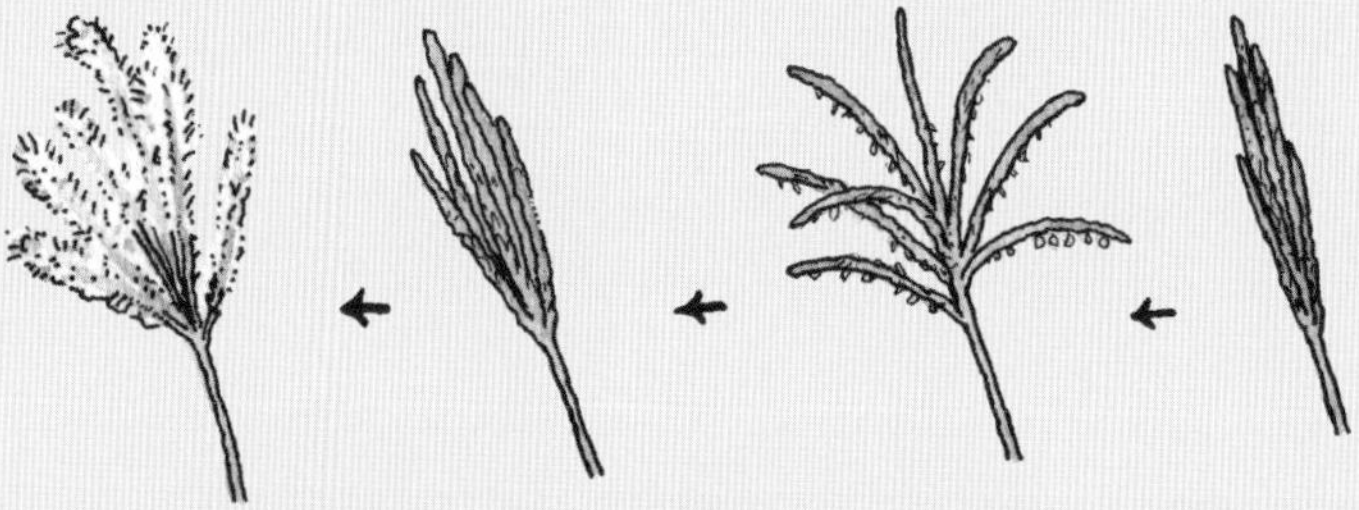

ススキ

花《はな》が咲《さ》き終《お》わると穂《ほ》が閉《と》じて種子《しゅし》が熟《じゅく》すと穂《ほ》が開《ひら》く

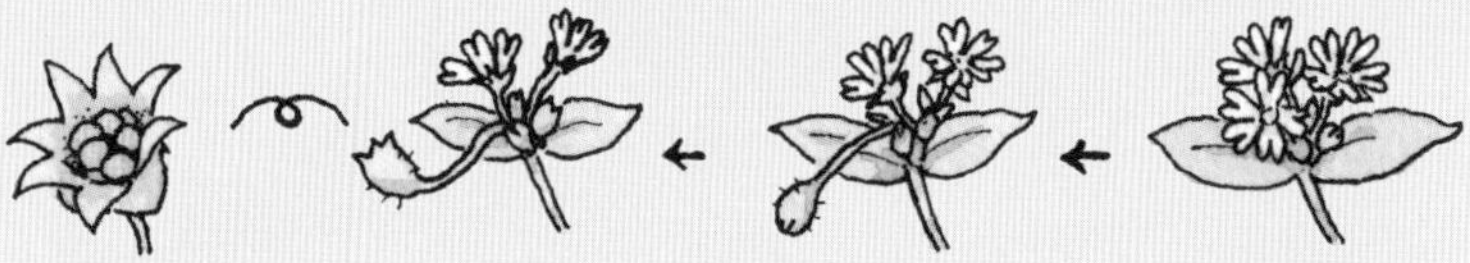

ハコベ

花《はな》が咲《さ》き終《お》わるとうなだれて種子《しゅし》ができると茎《くき》が上《うえ》を向《む》く

タンポポやハコベと同《おな》じように、ススキも花《はな》が咲《さ》き終《お》わった後《あと》で動《うご》くことが知《し》られています。ススキは花《はな》が咲《さ》くときに穂《ほ》が開《ひら》きます。こうして、風《かぜ》を受《う》けて花粉《かふん》を飛《と》ばそうとしているのです。ところが、花《はな》が咲《さ》き終《お》わると穂《ほ》が閉《と》じます。そして、種子《しゅし》が熟《じゅく》すと再《ふたた》び、穂《ほ》を広《ひろ》げるのです。これは、風《かぜ》で種子《しゅし》を飛《と》ばすためです。植物《しょくぶつ》は動《うご》かないというイメージがありますが、意《い》外《がい》とこまめに動《うご》いているのです。

MONOCHORIA KORSAKOWII

多《た》様《よう》性《せい》の価《か》値《ち》

ミズアオイ

田《た》んぼの雑草《ざっそう》ミズアオイには右利《みぎき》きの花《はな》と左利《ひだりき》きの花《はな》があります。右利《みぎき》きの花《はな》は雄《お》しべが右側《みぎがわ》に出《で》ていて、雌《め》しべが左側《ひだりがわ》についています。左利《ひだりき》きの花《はな》は、反対《はんたい》に雄《お》しべが左側《ひだりがわ》に出《で》ていて、雌《め》しべが右側《みぎがわ》についています。まるで鏡《かがみ》に映《うつ》っているように右利《みぎき》きの花《はな》と左利《ひだりき》きの花《はな》はあべこべの形《かたち》をしているのです。

このように反対《はんたい》の形《かたち》をした右利《みぎき》きの花《はな》と左利《ひだりき》きの花《はな》があるのには理由《りゆう》があります。

右利《みぎき》きの花《はな》にハチがやってくると、右側《みぎがわ》に雄《お》しべがあるのでハチの右側《みぎがわ》に花粉《かふん》がつきます。このハチが飛《と》び立《た》って左利《ひだりき》きの花《はな》に行《い》くと今度《こんど》は雌《め》しべが右側《みぎがわ》にあるので、雌《め》しべに花粉《かふん》がついて受粉《じゅふん》するのです。そして左利《ひだりき》きの花《はな》の雄《お》しべは左側《ひだりがわ》にあるので、ハチの左側《ひだりがわ》に花粉《かふん》がつきます。この花粉《かふん》が右利《みぎき》きの花《はな》の雌《め》しべにつくのです。つまり、右利《みぎき》きの花《はな》の花粉《かふん》が左利《ひだりき》きの花《はな》の雌《め》しべにつき、左利《ひだりき》きの花《はな》の花粉《かふん》が右利《みぎき》きの花《はな》の雌《め》しべにつくようになっているのです。どうして、こんなややこしいしくみになっているのでしょうか。

野球《やきゅう》であれば、右《みぎ》バッターばかりを揃《そろ》えたチームよりも、右《みぎ》バッターと左《ひだり》バッターがバランスよく揃《そろ》っているチームの方《ほう》が、作戦《さくせん》の幅《はば》が広《ひろ》がり、強《つよ》い戦《たたか》い方《かた》ができます。

これがミズアオイの考《かんが》え方《かた》です。右《みぎ》と左《ひだり》の違《ちが》いは象徴《しょうちょう》に過《す》ぎません。ミズアオイはいろいろな個性《こせい》を失《うしな》わないように工夫《くふう》しているのです。同《おな》じものどうしの組《く》み合《あ》わせでは、似《に》たような集団《しゅうだん》しかできません。異《こと》なるものどうしが組《く》み合《あ》わさることで、さまざまなタイプの子孫《しそん》を生《う》み出《だ》すことができる。多様性《たようせい》ある個性《こせい》が集《あつ》まっていることで、ミズアオイはさまざまな困難《こんなん》を乗《の》り越《こ》えてきたのでしょう。

ミズアオイにとって、どちらが優《すぐ》れていてどちらが劣《おと》っているということはありません。ミズアオイにとっては、どちらもあることが素晴《すば》らしいことなのです。

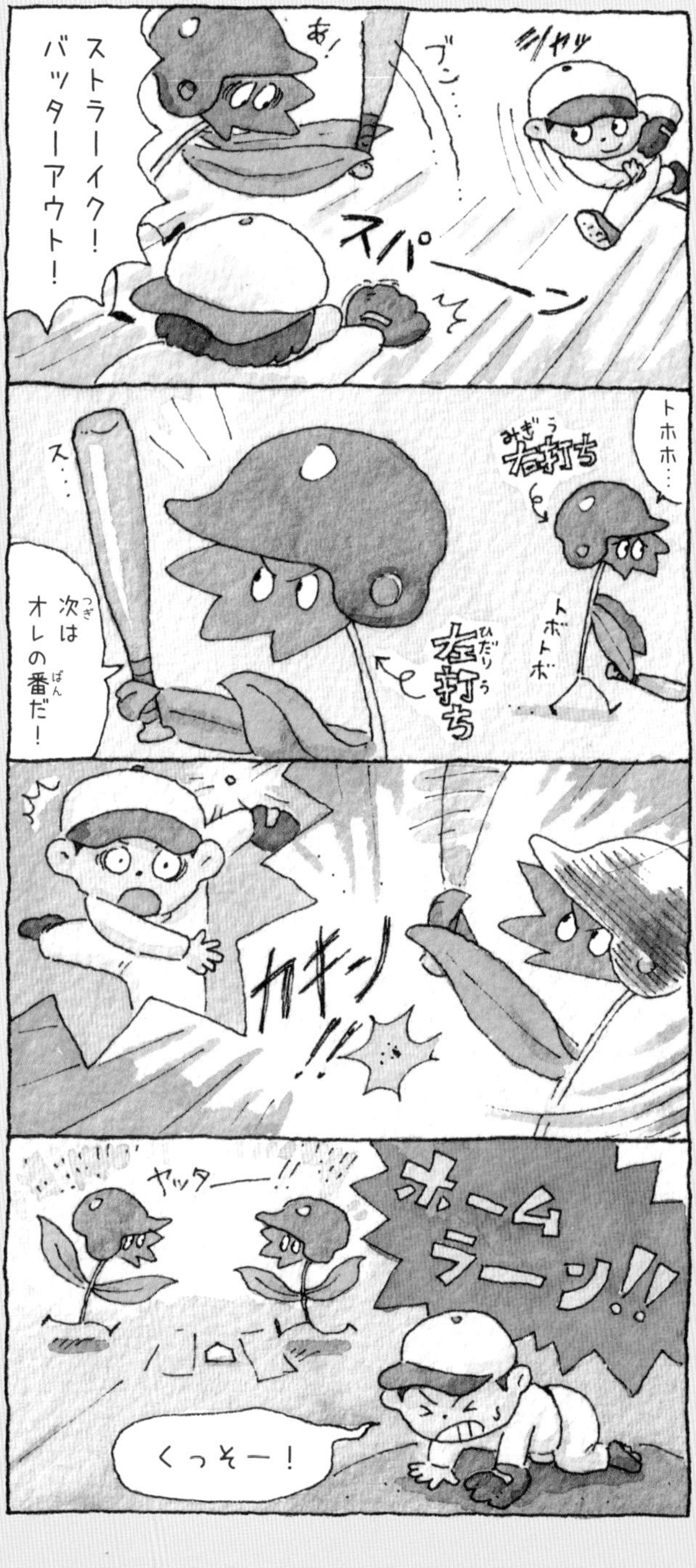
シャッ
ブン…
あ！
ストラーイク！
バッターアウト！
スパーーン
トホホ…
右《みぎ》打《う》ち
トボトボ
左《ひだり》打《う》ち
ス…
次《つぎ》はオレの番《ばん》だ！
カキーン!!
ホームラーン!!
ヤッター!!
くっそー！

ミズアオイってこんな植物

鏡面対称《きょうめんたいしょう》

雄《お》しべ(大《だい》)が左側《ひだりがわ》につく花《はな》と
右側《みぎがわ》につく花《はな》があり
「鏡面対称《きょうめんたいしょう》」と呼《よ》ぶ

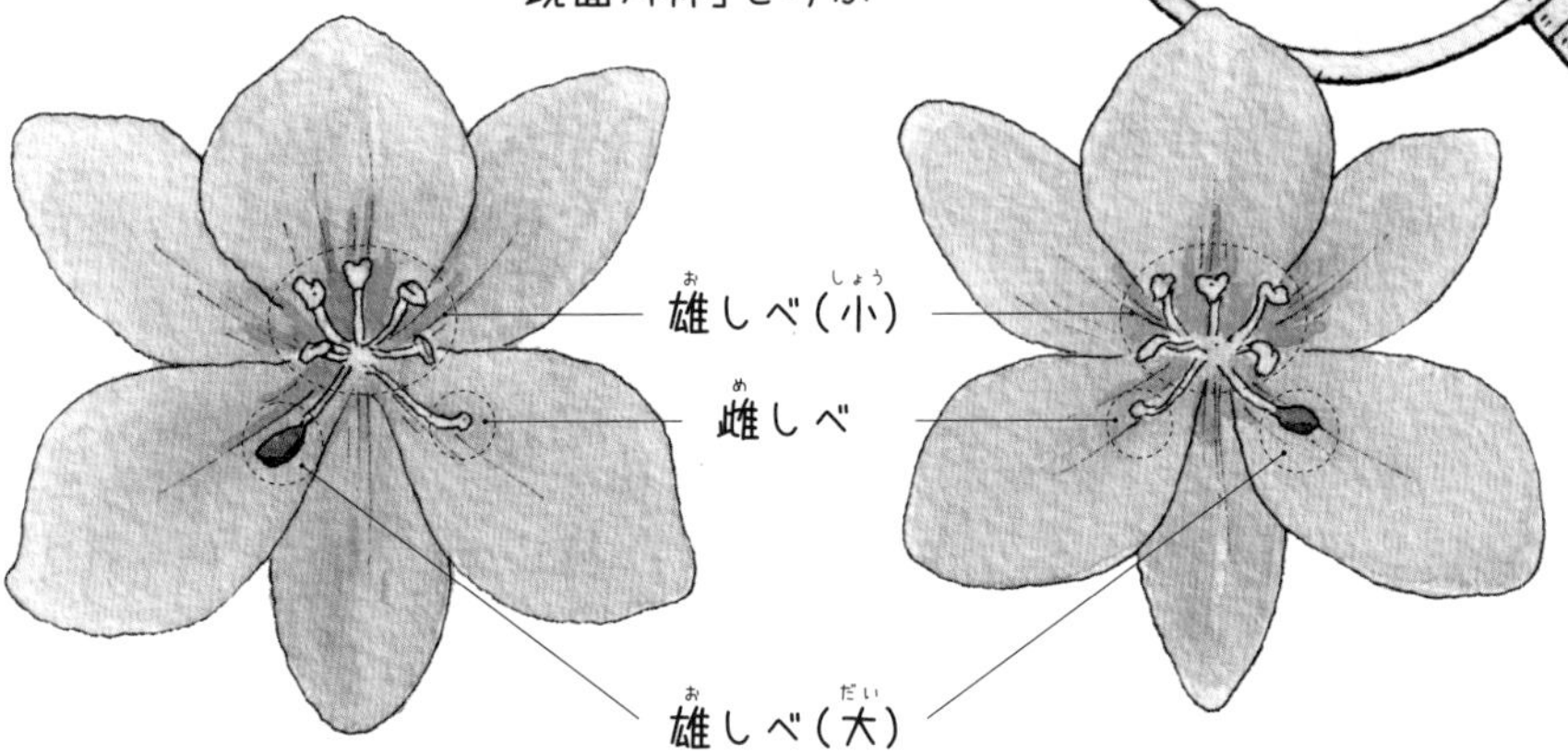

ミズオアイは花《はな》の中心《ちゅうしん》から上側《うえがわ》に5本《ごほん》の黄色《きいろ》い雄《お》しべ（小）、下側《したがわ》に青紫色《あおむらさきいろ》の雄《お》しべ（大）が1本《いっぽん》あり、雄《お》しべ（大）の反対側《はんたいがわ》に雌《め》しべがつきます。雄《お》しべ（大）が左《ひだり》側《がわ》につく花《はな》と右側《みぎがわ》につく花《はな》があり、2種類《にしゅるい》あることで、違《ちが》うタイプの花同士《はなどうし》で受粉《じゅふん》しやすくなります。

ハート形《がた》の葉《は》は
フタバアオイの葉《は》に
似《に》ているため「水葵《みずあおい》」

見つけやすさ	★★☆
漢字名	水葵
英名	pickerelweed
別名	菜葱（ナギ）、ミズナギ
花期	夏～秋
花言葉	前途洋々

絶滅《ぜつめつ》が心配《しんぱい》される雑草《ざっそう》

ミズアオイは、その昔《むかし》、田《た》んぼの雑草《ざっそう》でしたが、今《いま》では、絶滅《ぜつめつ》が心配《しんぱい》されるほど、数《かず》を減《へ》らしています。雑草《ざっそう》は抜《ぬ》いても抜《ぬ》いても生《は》えてくるというイメージがあるかもしれませんが、じつは絶滅《ぜつめつ》が心配《しんぱい》されるものもあるというから驚《おどろ》きです。雑草《ざっそう》は困《こま》り者《もの》だから絶滅《ぜつめつ》してもいいという考《かんが》えもあるかもしれませんが、絶滅《ぜつめつ》してしまった植物《しょくぶつ》は、地球《ちきゅう》上《じょう》から完全《かんぜん》になくなってしまいます。もう二度《にど》と見《み》ることはできなくなるのです。

デンジソウ
葉《は》っぱが「田《た》」という
漢字《かんじ》に似《に》ているので田字草《でんじそう》
スブタ
おいしそうな
名前《なまえ》の
田《た》んぼの雑草《ざっそう》
タコノアシ
茹《ゆ》でたタコの足《あし》に
そっくりな草《くさ》
オナモミ
ひっつき虫《むし》の代表格《だいひょうかく》も
外来種《がいらいしゅ》に追《お》いやられ…

PUERARIA LOBATA

雑《ざっ》草《そう》という草《くさ》はない

クズ

田畑《たばた》や空《あ》き地《ち》、道端《みちばた》など、ところかまわず生《は》える役《やく》に立《た》ちそうもない草《くさ》はまとめて「雑草《ざっそう》」と呼《よ》ばれます。ときに「名《な》もない草《くさ》」と称《しょう》される雑草《ざっそう》たち。

しかし、自然《しぜん》をこよなく愛《あい》した昭和天皇《しょうわてんのう》は「雑草《ざっそう》という植物《しょくぶつ》はない」と話《はな》されたと言《い》われています。

野原《のはら》には、黄色《きいろ》い花《はな》も白《しろ》い花《はな》もあります。背《せ》の高《たか》い草《くさ》も、背《せ》の低《ひく》い草《くさ》もあります。どんな小《ちい》さな野《の》の花《はな》にも、すべてきちんと名前《なまえ》がつけられて、それぞれが個性豊《こせいゆた》かな存在《そんざい》です。名《な》もない草《くさ》などないのです。

そんなこと当《あ》たり前《まえ》、と思《おも》うかもしれません。本当《ほんとう》にそうでしょうか。子《こ》どもたちだって同《おな》じです。ひとくくりに「子《こ》どもたち」として扱《あつか》われますが、一人《ひと》ひとりは実《じつ》に個性的《こせいてき》で、みんな違《ちが》う存在《そんざい》です。

走《はし》るのが得意《とくい》な子《こ》も、本《ほん》を読《よ》むのが大好《だいす》きな子《こ》もいます。活発《かっぱつ》な子《こ》もいれば、おとなしい子《こ》もいます。もちろん成長《せいちょう》の早《はや》い早熟《そうじゅく》な子《こ》もいれば、ゆっくり成長《せいちょう》する子《こ》もいるでしょう。

詰《つ》め込《こ》み教育《きょういく》がいいとか、ゆとり教育《きょういく》がいいとか、早期教育《そうききょういく》がいいとか、体験学習《たいけんがくしゅう》が必要《ひつよう》だとか、教育《きょういく》や子育《こそだ》てについては百家争鳴《ひゃっかそうめい》です。子《こ》どもたち一人《ひとり》ひとりが違《ちが》うのですから、それも無理《むり》もない話《はなし》です。詰《つ》め込《こ》み教育《きょういく》が合《あ》う子《こ》もいれば、ゆとり教育《きょういく》が合《あ》う子《こ》もいるのです。

子《こ》どもたちは誰《だれ》もが個性的《こせいてき》で、育《そだ》ち方《かた》も個性的《こせいてき》です。子育《こそだ》てに正解《せいかい》はないのです。子育《こそだ》てで大人《おとな》たちが子《こ》どもたちにしなければならないことは、そんなにたくさんはないのではないでしょうか。あまり難《むずか》しく考《かんが》えず、もっと気軽《きがる》に、もっと楽《たの》しんで、子《こ》どもたちの個性《こせい》に寄《よ》り添《そ》ってあげるだけで良《よ》いのかもしれません。

クズ

ふぁ～
ヒルガオ
……
ペラ
ペラ
え？昼間《ひるま》から寝《ね》るの？
ペラ
あ
スヤスヤ
寝《ね》る子《こ》は育《そだ》つんだよ…
みんな違《ちが》ってみんな…ムニャ
ハハハ

クズ
ってこんな植物

花《はな》はブドウジュースの香《かお》り
花《はな》びらの付《つ》け根《ね》に
黄色《きいろ》い模様《もよう》

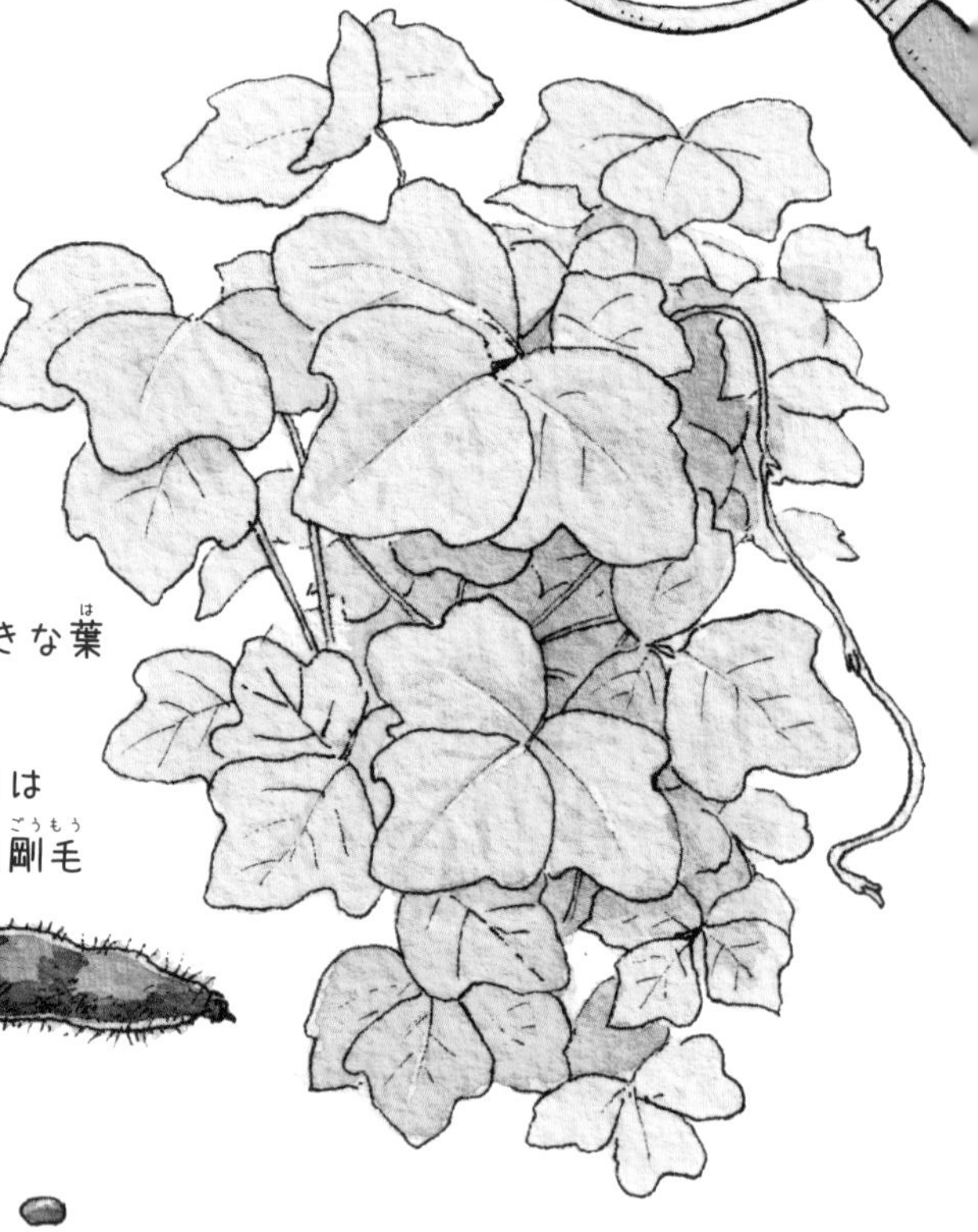
直径《ちょっけい》30cm
にもなる大《おお》きな葉《は》

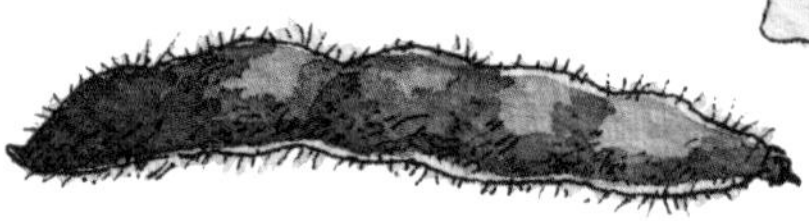
種子《しゅし》を包《つつ》むサヤには
茶色《ちゃいろ》いトゲトゲの剛毛《ごうもう》

昼寝《ひるね》で有名《ゆうめい》なクズは葉《は》を自在《じざい》に動《うご》かせるので炎天下《えんてんか》では葉《は》を立《た》てて閉《と》じたり、夜《よる》には逆《ぎゃく》に葉《は》を垂《た》らして閉《と》じて水分《すいぶん》が蒸発《じょうはつ》するのを防《ふせ》いだりします。ちなみに昼寝《ひるね》をしているときに葉《は》の裏側《うらがわ》が見《み》えるので別名《べつめい》「うらみ草《そう》」。種子《しゅし》が成熟《せいじゅく》したらサヤのまま地面《じめん》に落下《らっか》して動物《どうぶつ》に運《はこ》ばれることもあります。

見つけやすさ：★★☆

漢字名：葛

英名：kudzu

別名：うらみ草

花期：夏～秋

花言葉：活力、治癒

誰《だれ》も名前《なまえ》を知《し》らない草花《くさばな》

すべての植物《しょくぶつ》に名前《なまえ》はあると言《い》われても、実際《じっさい》には「名《な》もなき草《くさ》」とひとくくりにされて、誰《だれ》も見向《みむ》きもしない草《くさ》もあります。荒《あ》れ地《ち》や道端《みちばた》など、どこにでも生《は》えているヒメムカシヨモギはその代表格《だいひょうかく》かもしれません。オオイヌノフグリは有名《ゆうめい》ですが、じつはタチイヌノフグリの方《ほう》が多《おお》く生《は》えています。ただ、花《はな》が小《ち》さすぎて誰《だれ》も気《き》がつきません。メヒシバやオヒシバ、エノコログサは知《し》っていても、じつはたくさん生《は》えているのは、名前《なまえ》の知《し》られていないスズメノヒエです。

COIX LACRYMA-JOBI

未《いま》だ価《か》値《ち》を見《み》いだされないもの

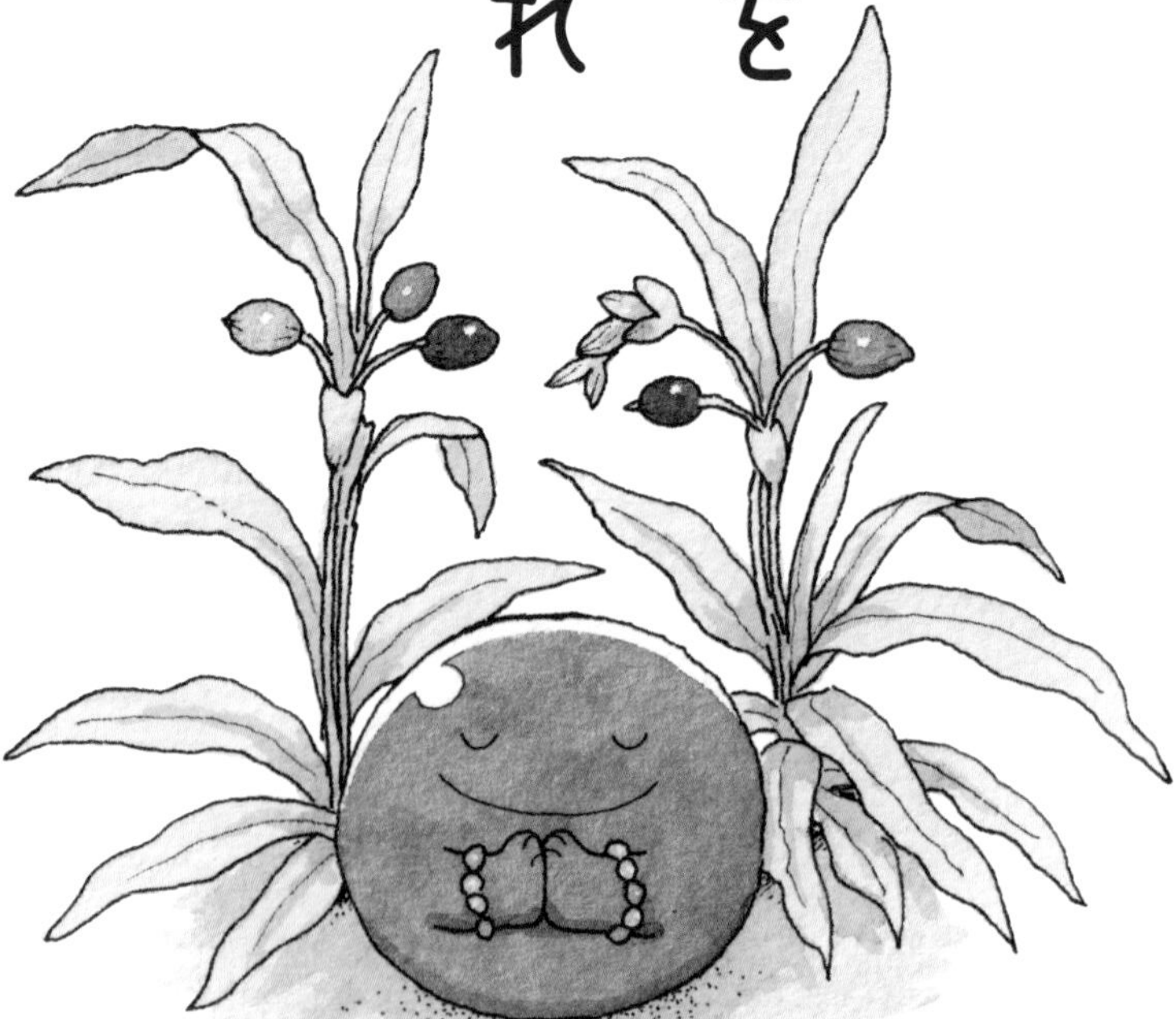

ジュズダマ

みなさんは、「雑草《ざっそう》」という言葉《ことば》から、どんなイメージを想像《そうぞう》されるでしょうか。「しつこい」「やっかい」「困《こま》り者《もの》」というのが雑草《ざっそう》の一般的《いっぱんてき》なイメージでしょう。雑草《ざっそう》は、「望《のぞ》まれない場所《ばしょ》に生《は》える植物《しょくぶつ》である」と定義《ていぎ》されています。勝手《かって》に生《は》えてくる雑草《ざっそう》は、つまりは邪魔者《じゃまもの》ということなのです。

しかし、本当《ほんとう》にそうでしょうか。ヨモギは畑《はたけ》の雑草《ざっそう》ですが、草餅《くさもち》の材料《ざいりょう》になります。また、空《あ》き地《ち》に生《は》えるススキは、お月見《つきみ》に使《つか》いますし、昔《むかし》の茅葺《かやぶ》き屋根《やね》はススキで作《つく》りました。道端《みちばた》に咲《さ》く野《の》の花《はな》の美《うつく》しさに魅入《みい》って、小《ちい》さな一輪挿《いちりんざ》しにする人《ひと》にとっては、もはやそれは雑草《ざっそう》ではないでしょう。

子《こ》どもたちは雑草《ざっそう》さえも遊《あそ》び道具《どうぐ》にします。雑草《ざっそう》のジュズダマは、子《こ》どもたちがその実《み》で数珠《じゅず》を作《つく》ったことから、ジュズダマと名付《なづ》けられました。

種《たね》がこぼれて道路《どうろ》に生《は》えた「根性大根《こんじょうだいこん》」と呼《よ》ばれるものがあります。根性大根《こんじょうだいこん》は雑草《ざっそう》でしょうか。邪魔《じゃま》だなと思《おも》う人《ひと》にとっては、雑草《ざっそう》です。これは食《た》べられると思《おも》う人《ひと》にとっては、野菜《やさい》です。「根性大根《こんじょうだいこん》」と呼《よ》んで、大根《だいこん》の根性《こんじょう》に励《はげ》まされる人《ひと》もいます。

すべては、物《もの》の見方《みかた》で決《き》まります。雑草《ざっそう》を雑草扱《ざっそうあつか》いするのは、私《わたし》たちの心《こころ》なのです。

アメリカの思想家《しそうか》エマーソンは、雑草《ざっそう》のことを「未《いま》だ価値《かち》を見《み》いだされない植物《しょくぶつ》」と言《い》いました。雑草《ざっそう》だけではありません。この世《よ》に存在《そんざい》するすべてのものが、かけがえのない価値《かち》を持《も》っているはずなのに、私《わたし》たちはそれを見《み》つけられずにいます。価値《かち》あるものは私《わたし》たちの足元《あしもと》にあるのかもしれません。

はたして大人《おとな》たちはどうでしょうか。子《こ》どもたちの良《よ》さを見《み》つけ出《だ》すことができずに、せっかくの個性《こせい》を雑草《ざっそう》として抜《ぬ》き去《さ》っていないでしょうか。

立《た》ち止《ど》まって、しゃがみこんで、あなたの身近《みぢか》なものにまなざしを注《そそ》いでみてください。道端《みちばた》に咲《さ》く小《ちい》さな野《の》の花《はな》をあなたが「美《うつく》しい」と感《かん》じたとき、それは雑草《ざっそう》ではなくなるのです。

ジュズダマ

また雑草《ざっそう》がボーボーだ
抜《ぬ》いちゃいましょうか
ねー見《み》て見《み》て！
ん？
何《なに》それ？
じゃーーん
ジュズダマの草《くさ》で作《つく》ったんだよー
ブレスレット
ネックレス
へーすごいね
(き、切《き》りづらい…)
ただの雑草《ざっそう》じゃないんだね

ジュズダマってこんな植物

まるで頬《ほお》を
つたう涙《なみだ》…

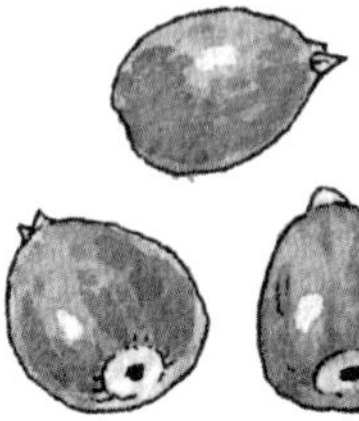

ビーズのように
穴《あな》の空《あ》いた実《み》

数珠玉《じゅずだま》のような硬《かた》い実《み》は実際《じっさい》には花《はな》を包《つつ》む苞葉鞘《ほうようしょう》という器官《きかん》で、空《あ》いた穴《あな》を抜《ぬ》けて穂《ほ》を伸《の》ばし花《はな》を咲《さ》かせる仕《し》組《く》みになっている。英名《えいめい》「Job's tears」は苞葉鞘《ほうようしょう》の美《うつく》しい輝《かが》きと形《かたち》が『旧約聖書《きゅうやくせいしょ》』に登場《とうじょう》するヨブの涙《なみだ》に見《み》立《た》てられたことに由来《ゆらい》する。

見つけやすさ：★☆☆

漢字名：数珠玉

英名：Job's tears　**別名：**唐麦

花期：夏〜秋　**花言葉：**祈り、恩恵

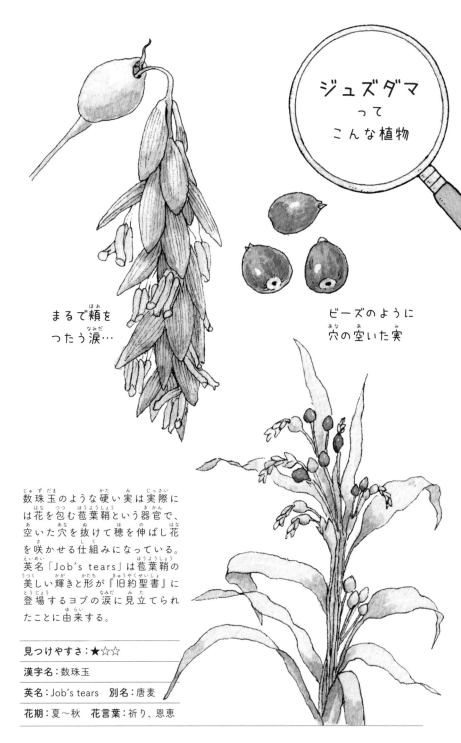

作物《さくもつ》になる雑草《ざっそう》

ハト麦茶《むぎちゃ》の原料《げんりょう》となるハトムギは野生種《やせいしゅ》のジュズダマを改《かい》良《りょう》して作《つく》られました。エンバクはもとはカラスムギという雑草《ざっそう》で、やせた土地《とち》ではコムギよりよく育《そだ》つので作物《さくもつ》に。オーツ麦《むぎ》とも呼《よ》ばれてグラノーラの原料《げんりょう》になります。ライムギパンが有名《ゆうめい》なライムギもともとコムギ畑《ばたけ》の雑草《ざっそう》で、コムギより寒《さむ》さに強《つよ》いので作物《さくもつ》になりました。ヨモギは草餅《くさもち》だけでなくお灸《きゅう》の材《ざい》料《りょう》にもなります。クズの根《ね》は古来《こらい》より葛粉《くずこ》・葛餅《くずもち》の材料《ざいりょう》として使《つか》われ、薬《くすり》の葛根湯《かっこんとう》もクズから作《つく》られます。

ライムギ

コムギ畑《ばたけ》の雑草《ざっそう》がパンに

エンバク

グラノーラの原料《げんりょう》に

クズ

葛餅《くずもち》の材料《ざいりょう》に

ヨモギ

草餅《くさもち》の材料《ざいりょう》に

CAPSELLA BURSA-PASTORIS

野《の》の花《はな》のきもち

ナズナ

子育《こそだ》てってたいへん。悩《なや》みも募《つの》ります。

こんなに大変《たいへん》なら、育児《いくじ》なんかもうやめてしまいたい。そう思《おも》ったことはありませんか。

そんなときは、何《なに》もかも放《ほう》り出《だ》して、手足《てあし》も投《な》げ出《だ》して、大《だい》の字《じ》になって芝生《しばふ》にでも寝《ね》転《ころ》んでみてはいかがでしょうか。


どんな景色《けしき》が見《み》えますか。

青《あお》い空《そら》が見《み》えるかもしれません。白《しろ》い雲《くも》が見《み》えるかもしれません。

果《は》てしなく広《ひろ》がる空《そら》の青《あお》、流《なが》れゆく白《しろ》い雲《くも》、さんさんと降《ふ》り注《そそ》ぐ太陽《たいよう》の光《ひかり》。いやなことは忘《わす》れてだんだんと気持《きも》ちが軽《かる》くなっていくことでしょう。そして、体《からだ》の底《そこ》から力《ちから》がわいてくるのを感《かん》じることでしょう。


気《き》がつけば、かたわらには小《ちい》さな野《の》の草《くさ》が葉《は》を広《ひろ》げているかもしれません。

それでは問題《もんだい》です。植物《しょくぶつ》は、どこを向《む》いていると思《おも》いますか？

よく見《み》ると野《の》の草《くさ》たちは、みんな太陽《たいよう》に向《む》かって葉《は》を広《ひろ》げています。もちろん、上《うえ》に伸《の》びる植物《しょくぶつ》ばかりではありません。横《よこ》に伸《の》びる植物《しょくぶつ》もあります。しかし、どの植物《しょくぶつ》もみんな空《そら》を見上《みあ》げているのです。

そうです。

大《だい》の字《じ》になって寝転《ねころ》んだときに見《み》えた風景《ふうけい》こそが、野《の》の草《くさ》たちが見《み》ている風景《ふうけい》に他《ほか》ならないのです。そして、体《からだ》の奥底《おくそこ》から力《ちから》がみなぎってくるような感覚《かんかく》が野《の》の草花《くさばな》たちが感《かん》じている生命《せいめい》のエネルギーなのかもしれません。

植物《しょくぶつ》たちを見《み》てください。みんな空《そら》を向《む》いて生《い》きています。うつむいている草《くさ》はひとつとしてないのです。

あー
疲《つか》れたー
ゴロン
風《かぜ》が
気持《きも》ちいい
ふふ…

ナズナ
って
こんな植物

茎《くき》の先《さき》のほうに
小《ちい》さな十字型《じゅうじがた》の花《はな》が密集《みっしゅう》
「貧乏草《びんぼうぐさ》」といわれるけど…

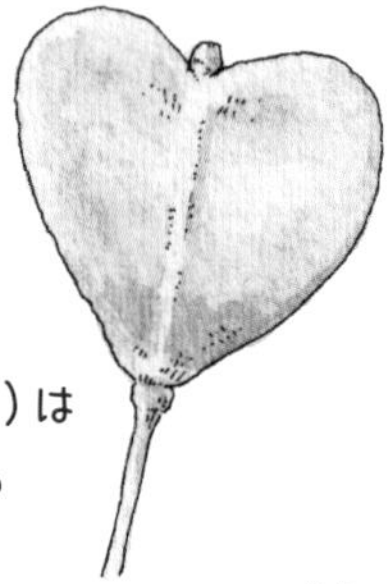

逆三角形《ぎゃくさんかくけい》の
果実《かじつ》(短角果《たんかくか》)は
何《なに》に見《み》える？

中《なか》には楕円形《だえんけい》の
種子《しゅし》が30個《こ》ほど

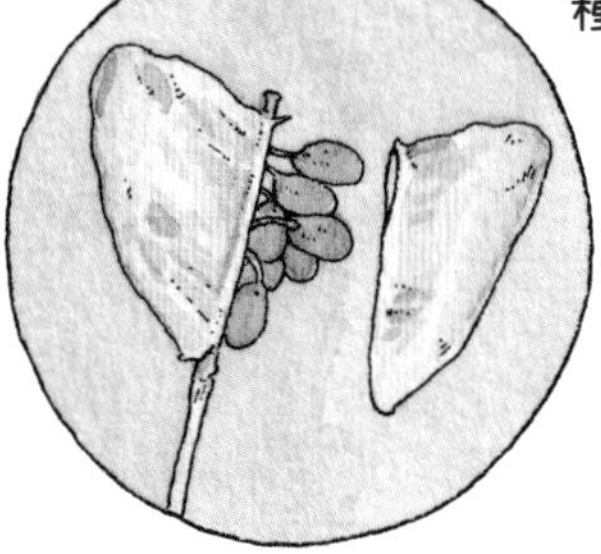

逆三角形《ぎゃくさんかくけい》の果実《かじつ》が三味線《しゃみせん》のバチに見《み》えることから、三味線《しゃみせん》の音《おと》にちなんで「ぺんぺん草《ぐさ》」の異名《いみょう》を持《も》つ。財布《さいふ》にも見《み》えるので英名《えいめい》は「羊飼《ひつじか》いの財布《さいふ》」といいます。庭《にわ》や畑《はたけ》を放《ほう》っておくとすぐに繁茂《はんも》して手間《てま》がかかってしまうので「貧乏草《びんぼうぐさ》」の別名《べつめい》も。こんなに愛《あい》らしい見《み》た目《め》なのに…。

見つけやすさ：★★★

漢字名：薺　**英名：**shepherd's purse

別名：ぺんぺん草、三味線草、貧乏草

花期：春～初夏　**花言葉：**すべてを捧げます

音《おと》を楽《たの》しめる草花《くさばな》

自然《しぜん》を感《かん》じるには、五感《ごかん》を使《つか》うことが大切《たいせつ》です。五《ご》感《かん》というのは、目《め》で見《み》る視覚《しかく》、耳《みみ》で聞《き》く聴覚《ちょうかく》、鼻《はな》でかぐ臭覚《きゅうかく》、舌《した》で味《あじ》をみる味《み》覚《かく》、触《さわ》ってみる触覚《しょっかく》です。たとえば、目《め》を閉《と》じると、鳥《とり》の声《こえ》や虫《むし》の音《おと》、風《かぜ》の音《おと》、川《かわ》のせせらぎなど、さまざまな音《おと》がよりはっきりと聞《き》こえてきます。植物《しょくぶつ》の音《おと》を楽《たの》しむことは難《むず》しいですが、音《おと》を楽《たの》しむ遊《あそ》びもあります。目《め》で見《み》るだけでは、もったいない、五感《ごかん》を研《と》ぎ澄《す》まして、自然《しぜん》をめいっぱい楽《たの》しんじゃいましょう。

三角形《さんかくけい》の実《み》を
引《ひ》っ張《ぱ》って実《み》を
ブラブラさせる
耳《みみ》の近《ちか》くで振《ふ》ると
シャラシャラ♪
ナズナの
マラカス
クズの葉《は》っぱの
てっぽう
手《て》で輪《わ》っかを作《つく》って
葉《は》っぱをのせる
反対《はんたい》の手《て》のひらを
勢《いき》いよく叩《たた》きつけると「パン！」

ERIGERON PHILADELPHICUS

ロゼットの根《ね》っこ

ハルジオン

冬《ふゆ》の寒《さむ》い日《ひ》は、誰《だれ》もが背中《せなか》を丸《まる》めます。こうすると暖《あたた》かいからです。

しかし、植物《しょくぶつ》は丸《まる》くなるわけにはいきません。植物《しょくぶつ》は光《ひかり》を浴《あ》びなければならないのです。しかし、葉《は》を広《ひろ》げると寒《さむ》さに身《み》をさらすことになります。

そこで、野《の》の草花《くさばな》は、葉《は》っぱを地面《じめん》にぴったりとつけたまま、広《ひろ》げます。この形《かたち》は、上《うえ》から見《み》るとロゼットというバラの花《はな》の形《かたち》をした胸飾《むねかざ》りに似《に》ていることから、「ロゼット」と呼《よ》ばれています。

ロゼットは茎《くき》をほとんど伸《の》ばしません。そして葉《は》だけを地面《じめん》に広《ひろ》げるのです。外気《がいき》に当《あ》たる面積《めんせき》は葉《は》っぱのみ、それも表側《おもてがわ》だけ。この形《かたち》で吹《ふ》きすさぶ寒風《かんぷう》をやりすごすのです。試《ため》しにロゼットをマネして寝転《ねころ》んでみると、不思議《ふしぎ》と暖《あたた》かく感《かん》じます。

このロゼットは、冬越《ふゆご》しのスタイルとして機能的《きのうてき》なのでさまざまな草花《くさばな》がこのロゼットで冬《ふゆ》を越《こ》しています。

しかし、ロゼットは冬《ふゆ》に耐《た》えるための形《かたち》ではありません。冬《ふゆ》を乗《の》り越《こ》えるだけであれば、種子《しゅし》や球根《きゅうこん》のように土《つち》の中《なか》で眠《ねむ》っている方《ほう》が安全《あんぜん》です。ロゼットは、そんな寒《さむ》い中《なか》でも光《こう》合成《こうせい》をしようという形《かたち》なのです。

ロゼットの秘密《ひみつ》は土《つち》の中《なか》にあります。

小《ちい》さなロゼットの下《した》には、太《ふと》くて長《なが》い根《ね》っこがあります。そして、ロゼットを作《つく》る植物《しょくぶつ》は、光合成《こうごうせい》をして作《つく》り出《だ》した栄養分《えいようぶん》をせっせと根《ね》っこに蓄《たくわ》えていくのです。もちろん、根《ね》っこの成長《せいちょう》は目《め》には見《み》えません。地上《ちじょう》に見《み》えるのは、小《ちい》さな葉《は》っぱが寒《さむ》さに震《ふる》えている姿《すがた》だけです。しかし、ロゼットは根《ね》っこを伸《の》ばし、力《ちから》を蓄《たくわ》えていきます。そして、春《はる》になると、その栄養分《えいようぶん》を使《つか》って花《はな》を咲《さ》かせるのです。

ロゼットばかりではありませんが、春《はる》になっていち早《はや》く花《はな》を咲《さ》かせる野《の》の花《はな》は、どれも冬《ふゆ》の間《あいだ》、葉《は》を広《ひろ》げていたものばかりです。春《はる》に花《はな》を咲《さ》かせる植物《しょくぶつ》は、冬《ふゆ》の間《あいだ》も成長《せいちょう》を続《つづ》けていた植物《しょくぶつ》たちだったのです。

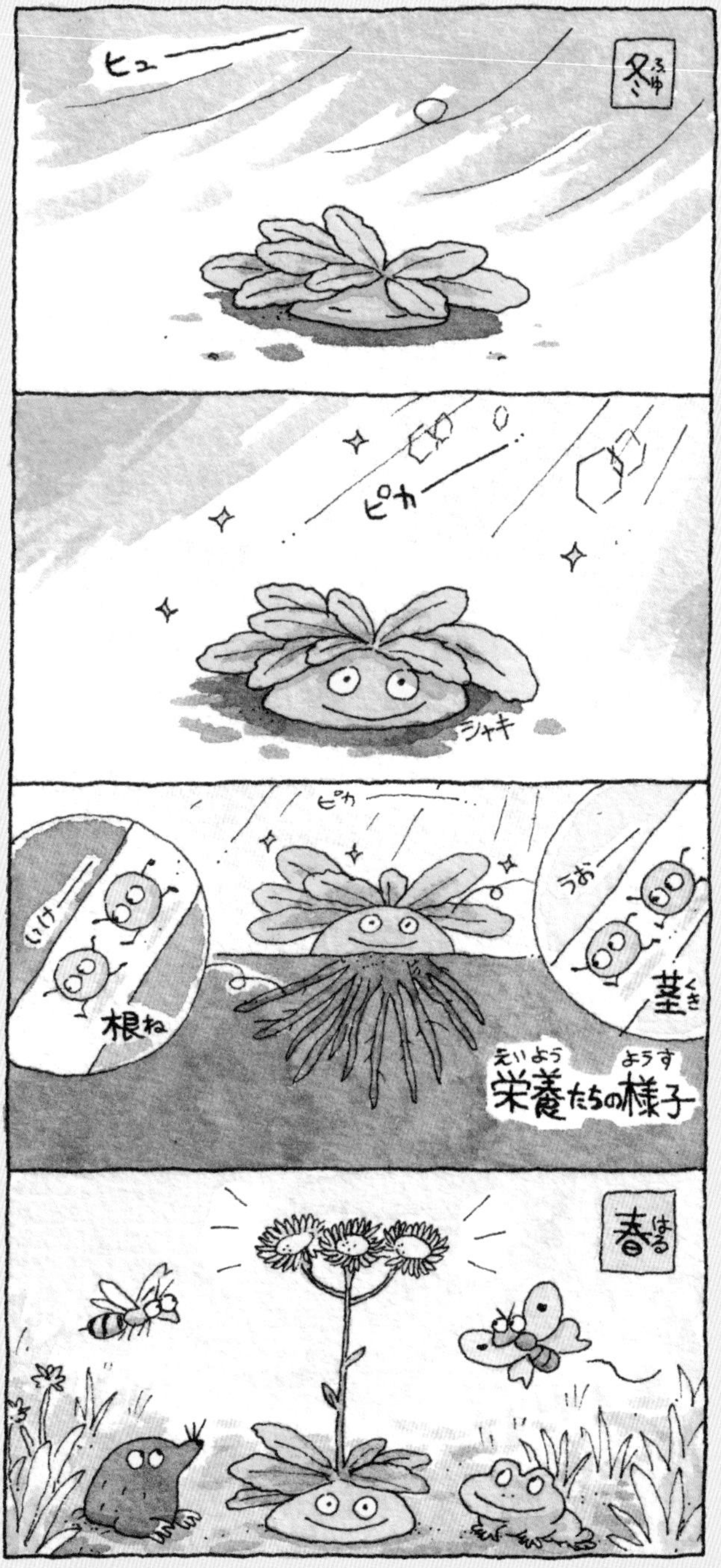
ヒュー
冬《ふゆ》
ピカー
シャキ
ピカ
いけー
根《ね》
うお
茎《くき》
栄養《えいよう》たちの様子《ようす》
春《はる》

ロゼット型《がた》の草花《くさばな》

地面《じめん》に葉《は》を広《ひろ》げ
冬《ふゆ》を越《こ》す
ロゼット型《がた》の草花《くさばな》
葉《は》の形《かたち》や広《ひろ》げ方《かた》も
さまざまです

オオバコ

マツヨイグサ

タンポポ

ハルジオン

見つけやすさ：★★☆

漢字名：春紫苑

英名：philadelphia fleabane

別名：貧乏草

花期：春

花言葉：追想の愛

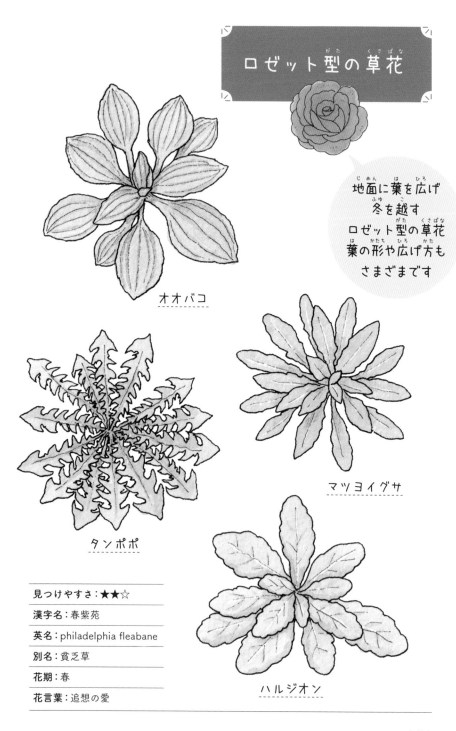

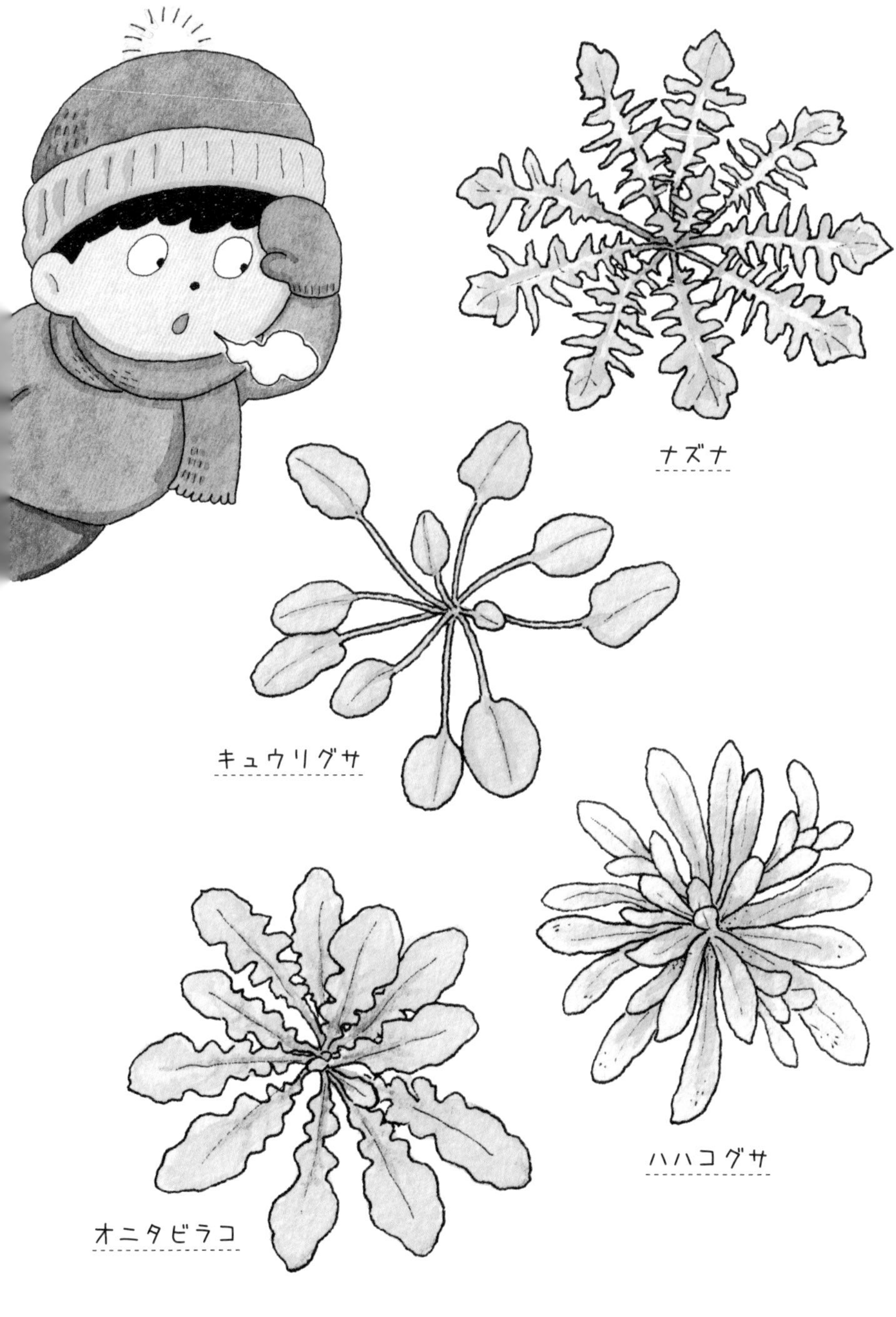
ナズナ
キュウリグサ
ハハコグサ
オニタビラコ

PERSICARIA LONGISETA

あなたのためになりたい

イヌタデ

植物《しょくぶつ》の名前《なまえ》には、動物《どうぶつ》の名前《なまえ》がつくものが多《おお》くあります。たとえば、キツネノカミソリ（狐《きつね》の剃刀《かみそり》）、ジャノヒゲ（蛇《じゃ》のひげ）、トラノオ（虎《とら》の尾《お》）などがその例《れい》です。

中《なか》でもイヌがつくものが多《おお》くあります。イヌノヒゲ（犬《いぬ》のひげ）のように、犬《いぬ》の体《からだ》を表《あら》わすものもありますが、犬《いぬ》とつく植物《しょくぶつ》の名前《なまえ》は、人間用《にんげんよう》でなく犬用《いぬよう》という意味《いみ》で「役《やく》に立《た》たない」という意味《いみ》で使《つか》われます。

犬用《いぬよう》があるということは、人間用《にんげんよう》があります。たとえば、イヌホオズキにはホオズキがあります。また、イヌムギにはムギがあります。イヌビエは雑穀《ざっこく》のヒエに対《たい》してつけられた名前《なまえ》です。イヌビユにはヒユがあります。ヒユは、現在《げんざい》ではアマランサス（Ｐ１２５）と呼《よ》ばれる健康野菜《けんこうやさい》です。

イヌナズナという植物《しょくぶつ》もあります。ナズナは雑草《ざっそう》ですが、春《はる》の七草《ななくさ》で食《た》べられる野草《やそう》でもあります。そのため、イヌナズナは犬《いぬ》とつけられたのです。その他《ほか》にも、イヌヨモギ、イヌキクイモ、イヌゴマなど、すべて役《やく》に立《た》つ植物《しょくぶつ》に対《たい》して、役《やく》に立《た》たないと名付《なづ》けられたのです。

イヌタデは、タデに対《たい》してつけられました。タデは辛《から》みがあり、刺《さ》し身《み》のつまになる植物《しょくぶつ》です。タデは、イヌタデと区別《くべつ》するために本物《ほんもの》のタデという意味《いみ》でホンタデと呼《よ》ばれています。

これに対《たい》して、雑草《ざっそう》のタデは役《やく》に立《た》たないタデと呼《よ》ばれて「イヌタデ」と名付《なづ》けられました。

そんなイヌタデの花言葉《はなことば》は「あなたの役《やく》に立《た》ちたい」です。役《やく》に立《た》たないと言《い》われたイヌタデですが、「赤《あか》まんま」の別名《べつめい》で子《こ》どもたちはままごとに使《つか》います。「赤《あか》まんま」は赤《あか》いご飯《はん》、つまりはお赤飯《せきはん》という意味《いみ》です。赤《あか》いつぶつぶの花《はな》が、ままごとでは、赤飯《せきはん》の代《か》わりになるのです。誰《だれ》が犬用《いぬよう》と決《き》めつけたのでしょう。イヌタデもちゃんと、役《やく》に立《た》っているのです。

イヌタデ

イヌタデ
ってこんな植物

花《はな》の穂《ほ》を落《お》とし、
赤飯《せきはん》に見立《みた》てて遊《あそ》んだから
別名《べつめい》「アカマンマ」

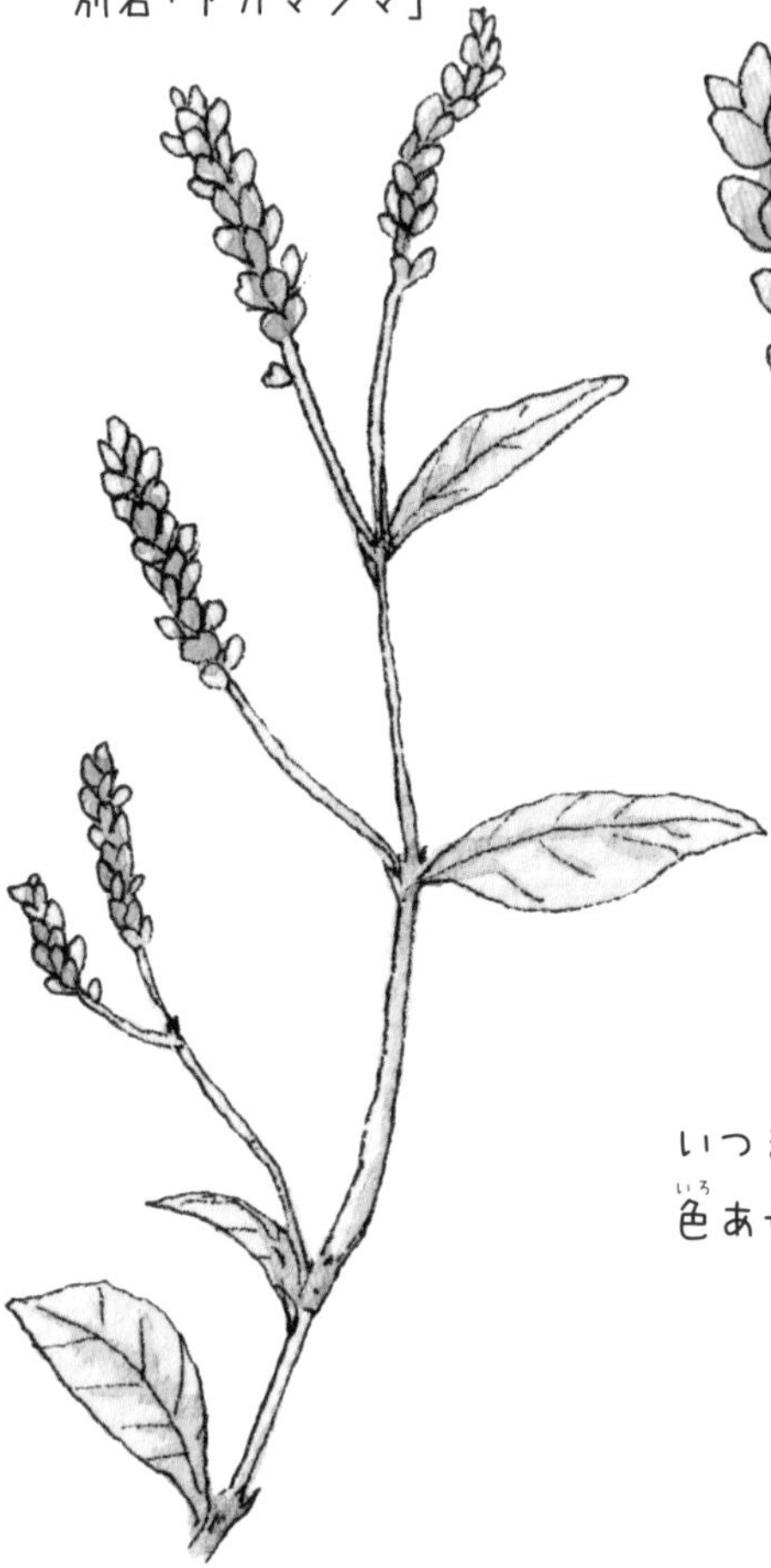

いつまでも穂《ほ》が鮮《あざ》やかで
色《いろ》あせないひみつは？

イヌタデの穂《ほ》には花《はな》がびっしりついていますが、つねに咲《さ》いているのは数個《すうこ》ずつ。たとえ花《はな》が咲《さ》き終《お》わっても色《いろ》あせないのは、花《はな》びらではなく「がく」という花《はな》の付《つ》け根《ね》がピンク色《いろ》だからです。つぼみも実《み》も紅色《べにいろ》で穂《ほ》全体《ぜんたい》で鮮《あざ》やかに彩《いろど》ることで虫《むし》を誘《さそ》うのです。

見つけやすさ：★☆☆

漢字名：犬蓼

英名：creeping smartweed

別名：赤まんま

花期：夏〜秋

花言葉：あなたのために役立ちたい

動物《どうぶつ》の名前《なまえ》がつく植物《しょくぶつ》

植物《しょくぶつ》の名前《なまえ》の中《なか》には、動《どう》物《ぶつ》の名前《なまえ》がついたものがあります。図鑑《ずかん》を見《み》て、おもしろい名前《なまえ》を探《さが》してみましょう。どうして、そんな名前《なまえ》がついたのか、想像《そうぞう》してみたり、調《しら》べてみてもおもしろいかもしれません。

私《わたし》の知《し》っている先生《せんせい》は年賀《ねんが》状《じょう》に、ねずみ年《どし》からいのしし年《どし》まで毎年《まいとし》、干支《えと》の名前《なまえ》のついた植物《しょくぶつ》の絵《え》を描《えが》いてきます。ねずみ年《どし》からいのしし年《どし》までどんな植物《しょくぶつ》があるか調《しら》べてみてもおもしろいでしょう。

キツネノカミソリ

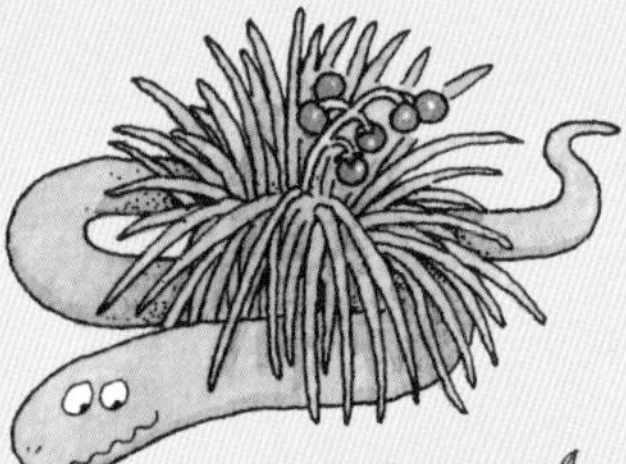
ジャノヒゲ

ネズミムギ

トラノオ

ウマゴヤシ

ウシノケグサ

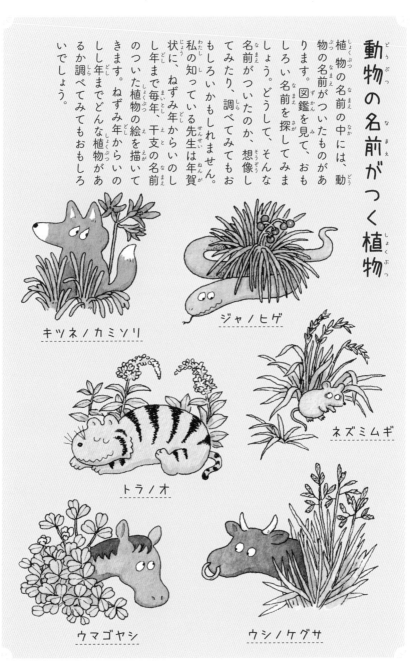

NELUMBO NUCIFERA

なかなか芽《め》が出《で》ない

ハス

みなさんは、雑草《ざっそう》を育《そだ》てたことがありますか。

雑草《ざっそう》なら庭《にわ》にいくらでも生《は》えている…と思《おも》うかもしれませんが、そうではありません。

実際《じっさい》に、種《たね》をまいて、水《みず》をやって、育《そだ》てるのです。

雑草《ざっそう》は勝手《かって》に生《は》えてくるものであって、雑草《ざっそう》を育《そだ》てるなんておかしいですよね。それでは種《たね》をまいてみましょう。雑草《ざっそう》は放《ほう》っておけば育《そだ》つから、雑草《ざっそう》を育《そだ》てるのは簡単《かんたん》だ、と思《おも》うかもしれません。ところが、それは大間違《おおまちが》いです。雑草《ざっそう》を育《そだ》てるのは、じつはなかなか難《むずか》しいのです。


雑草《ざっそう》を育《そだ》てることが難《むずか》しい理由《りゆう》は、私《わたし》たちの思《おも》うようにいかないからです。

何《なに》しろ、種《たね》をまいても芽《め》が出《で》てきません。

野菜《やさい》や花《はな》の種《たね》であれば、種《たね》をまいて水《みず》をやり、何日《なんにち》か待《ま》っていれば芽《め》が出《で》てきます。ところが、雑草《ざっそう》は違《ちが》います。種《たね》をまいて水《みず》をやって、いくら待《ま》っても芽《め》が出《で》てこないことがあるのです。野菜《やさい》や花《はな》の種《たね》は、人間《にんげん》が発芽《はつが》に適《てき》した時期《じき》にまいてくれます。そのため、野《や》菜《さい》や花《はな》の種《たね》は人間《にんげん》の思《おも》うとおりに芽《め》が出《で》るのです。一方《いっぽう》、雑草《ざっそう》は芽《め》を出《だ》す時期《じき》は自分《じぶん》で決《き》めます。人間《にんげん》の思《おも》うとおりには、ならないのです。

なかなか芽《め》を出《だ》さない性質《せいしつ》を「休眠《きゅうみん》」と呼《よ》びます。休《やす》んで眠《ねむ》るなんて、なまけているみたいですが、そうではありません。雑草《ざっそう》にとって、いつ芽《め》を出《だ》すかは、とても大切《たいせつ》なことです。芽《め》を出《だ》す時期《じき》を間違《まちが》えると、ちゃんと育《そだ》つことができないのです。そのため、雑草《ざっそう》は芽《め》を出《だ》す時期《じき》を見極《みきわ》めます。それが休眠《きゅうみん》です。

なかなか芽《め》が出《で》ないとあせる必要《ひつよう》はありません。芽《め》を出《だ》す時期《じき》になれば、雑草《ざっそう》は芽《め》を出《だ》します。もし、あわてて適《てき》していない時期《じき》に芽《め》を出《だ》させれば、その芽《め》は育《そだ》つことができません。早《はや》く芽《め》を出《だ》せば良《よ》いというものではありません。芽《め》を出《だ》す時期《じき》があるのです。

ハス

これでよし、と
ふう
コマツナ
チューリップ
ハス
もう芽《め》が出《で》た
早《はや》いねー
ポン
ポン
コマツナ
チューリップ
ハス
あせらない
あせらない
そろそろ芽《め》を出《で》そうかな
いつかは芽《め》が出《で》る
ポン

ハス
ってこんな植物

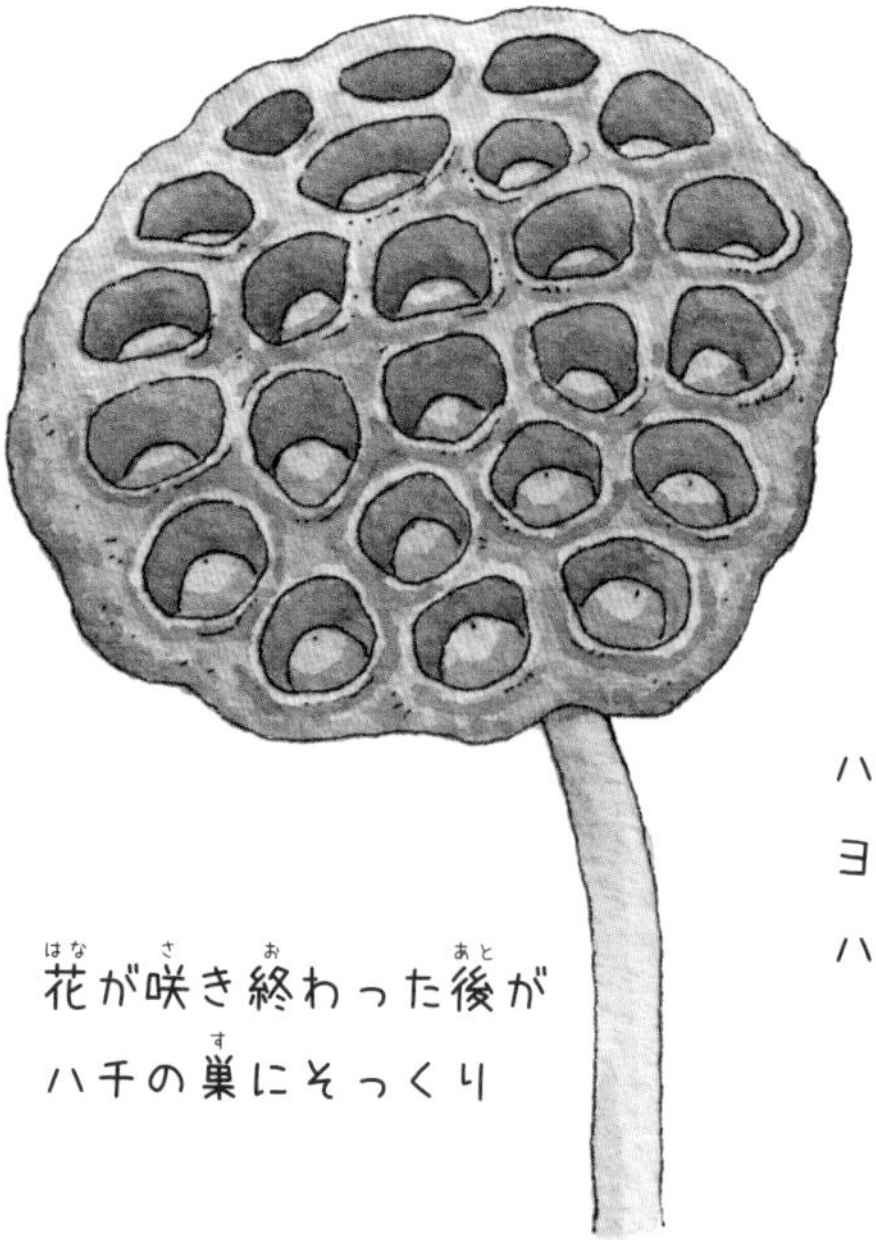

ハスの葉《は》の構造《こうぞう》が
ヨーグルトのフタに？
ハスの地《ち》下茎《かけい》はあのレンコン！

花《はな》が咲《さ》き終《お》わった後《あと》が
ハチの巣《す》にそっくり

花《はな》が咲《さ》き終《お》わった後《あと》がハチの巣《す》に見《み》えることからハチスと呼《よ》ばれ、ハスとなりました。ハスの葉《は》っぱは水《みず》をはじくので、水玉《みずたま》が動《うご》き回《まわ》ります。この葉《は》の構造《こうぞう》（ロータス効果《こうか》）がヨーグルトのつかない蓋《ふた》に応用《おうよう》されています。種子《しゅし》はなかなか芽《め》を出《だ》さないので、種《たね》をまくときは、種子《しゅし》をやすりで削《けず》って傷《きず》をつけ芽《め》を出《で》やすくする方法《ほうほう》もあります。

見つけやすさ：★★☆　**漢字名**：蓮　**英名**：lotus　**別名**：水芙蓉　**花期**：夏　**花言葉**：雄弁

なかなか芽《め》が出《で》ないかもしれないけど 種《たね》をまいてみよう

種《たね》をまいたら、芽《め》が出《で》る。大人《おとな》には当《あ》たり前《まえ》のことですが、これってとても不思議《ふしぎ》です。大《おお》きな木《き》も元々《もともと》は小《ちい》さな種《たね》なのです。種《たね》をまくと、芽《め》が出《で》るか心配《しんぱい》です。芽《め》が出《で》るととてもうれしくなります。ぜひ、種《たね》をまいてみましょう。野菜《やさい》や花《はな》の種《たね》もいいですが、身近《みぢか》な野草《やそう》も楽《たの》しそうです。ドングリも種《たね》ですね。カボチャやリンゴの種《たね》は芽《め》が出《で》るかな？　精米《せいまい》する前《まえ》の玄米《げんまい》はイネの種《たね》の皮《かわ》を剥《は》いだものです。いろいろと試《ため》してみましょう。

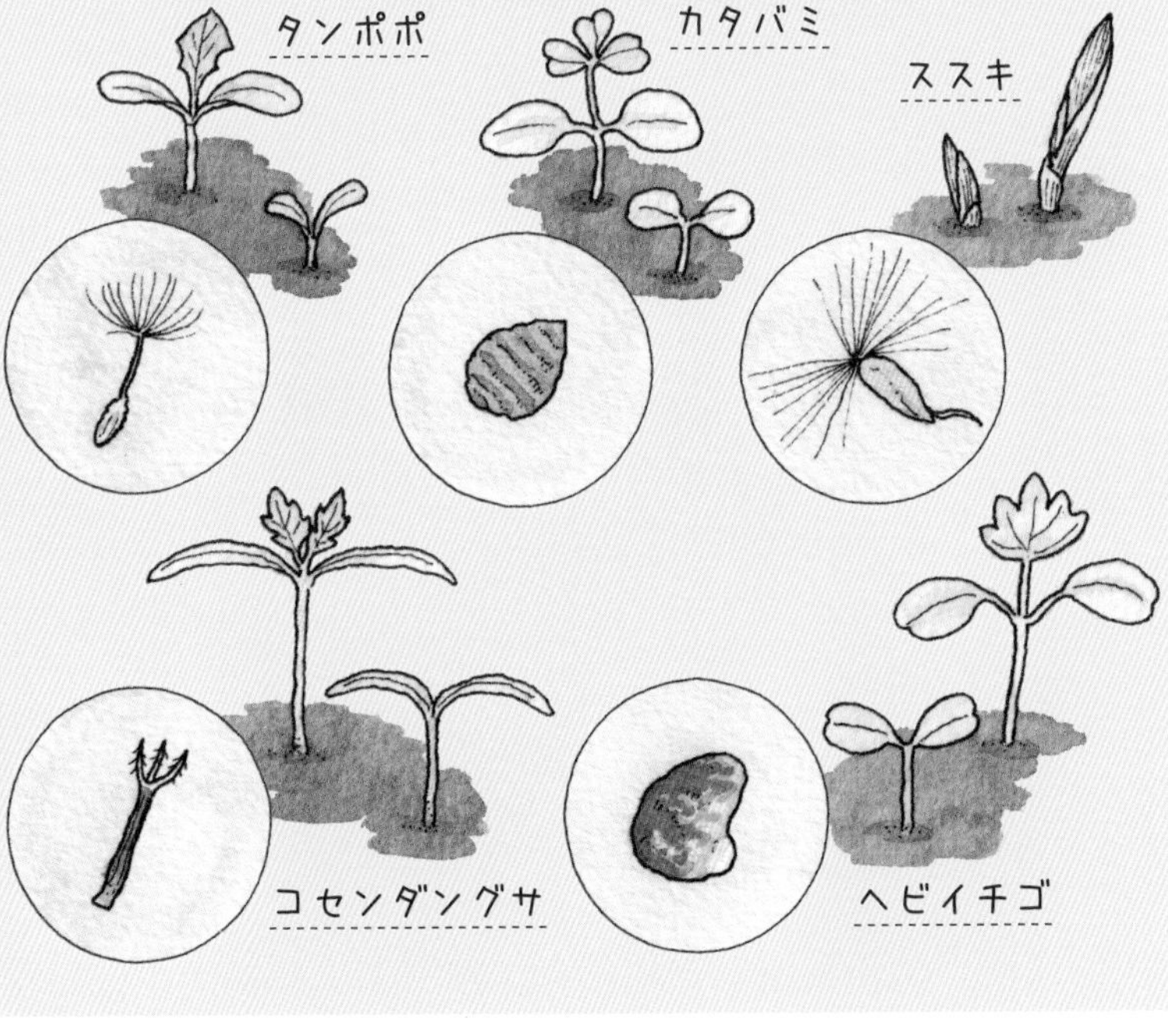
タンポポ
カタバミ
ススキ
コセンダングサ
ヘビイチゴ

おわりに

私《わたし》には成人《せいじん》した子《こ》どもが二人《ふたり》いますが、何《なに》を隠《かく》そう二人《ふたり》とも理科《りか》が苦手《にがて》でした。

上《うえ》の子《こ》が小《ちい》さい頃《ころ》、好《す》きだったのは自動車《じどうしゃ》でしたし、好《す》きな科目《かもく》は日本史《にほんし》でした。

下《した》の子《こ》は本《ほん》を読《よ》むのが大好《だいす》きで、好《す》きな科目《かもく》は国語《こくご》と英語《えいご》でした。

しかし、私《わたし》はそれで満足《まんぞく》していますし、それで良《よ》かったと思《おも》っています。私《わたし》は子《こ》どもたちを植物学者《しょくぶつがくしゃ》にしたかったわけではないのです。

それでも私《わたし》は、ことあるごとに自然《しぜん》の中《なか》に子《こ》どもたちを連《つ》れて行《い》きました。

生物《せいぶつ》には二《ふた》つの戦略《せんりゃく》があります。

一つはあらかじめプログラムされた本能《ほんのう》を発達《はったつ》させるという戦略《せんりゃく》です。これを発達《はったつ》させたのが昆虫《こんちゅう》です。本能《ほんのう》を持《も》つ昆虫《こんちゅう》は、誰《だれ》に教《おそ》わらなくても生《い》きていくことができます。しかし、予測不能《よそくふのう》な事態《じたい》に対応《たいおう》できないという欠点《けってん》があります。

一方《いっぽう》、哺乳類《ほにゅうるい》は知能《ちのう》を発達《はったつ》させるという戦略《せんりゃく》です。知能《ちのう》を持《も》つ哺乳類《ほにゅうるい》はありとあらゆる事態《じたい》に対応《たいおう》することが可能《かのう》です。しかし、教《おそ》わらなければ何《なに》もできないという欠点《けってん》があります。

私《わたし》たち哺乳類《ほにゅうるい》の脳《のう》は空《から》っぽの箱《はこ》のようなものです。この空《から》っぽの箱《はこ》にさまざまな知識《ちしき》や知恵《ちえ》を身《み》につけていきます。しかし、この世《よ》に生《う》まれた子《こ》どもたちが、この空《から》っぽの箱《はこ》を準備《じゅんび》したり、箱《はこ》を大《おお》きくするために、自然《しぜん》の力《ちから》が必要《ひつよう》だと思《おも》うのです。

どんなにえらぶってみても、人間《にんげん》は哺乳類《ほにゅうるい》に過《す》ぎません。その哺乳類《ほにゅうるい》の子《こ》どもたちが生《い》きるための大《おお》きな箱《はこ》を用意《ようい》するには、五感《ごかん》を研《と》ぎ澄《す》まして、自然界《しぜんかい》の息吹《いぶき》を感《かん》じる必要《ひつよう》がある、何《なに》も教《おし》えなくても、子《こ》どもたちは自然《しぜん》からの刺激《しげき》を感《かん》じることで育《そだ》つ、そう私《わたし》は考《かんが》えていたのです。

そして、もうひとつ、生物《せいぶつ》には大切《たいせつ》な戦略《せんりゃく》があります。

それこそが、「多様性《たようせい》」です。

自然界《しぜんかい》には、さまざまな草花《くさばな》があります。同《おな》じ種類《しゅるい》の草花《くさばな》でも、生《は》え方《かた》や伸《の》び方《かた》はさまざまです。自然界《しぜんかい》では、何《なに》が正《ただ》しいとか、何《なに》が優《すぐ》れているということはわかりません。わからないから、たくさんあることに価値《かち》を見《み》いだしているのです。

自然界《しぜんかい》に咲《さ》いている花《はな》が、たった一種類《いっしゅるい》しかなかったとしたら、どんなに味気《あじけ》ないことでしょう。しかし、自然界《しぜんかい》には、色《いろ》も形《かたち》もさまざまな花《はな》がたくさん咲《さ》いています。

だからこそ、この世《よ》の中《なか》は楽《たの》しく、そして美《うつく》しいのです。

稲垣栄洋《いながきひでひろ》

こんなふうに生《は》えています図《ず》鑑《かん》&索《さく》引《いん》

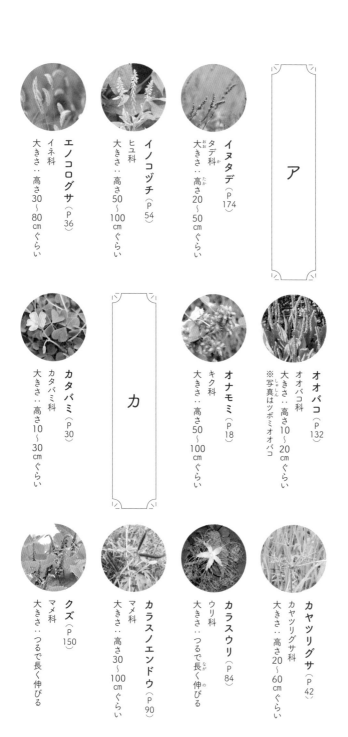

ア

カ

コオニタビラコ（P6）
キク科
大きさ：高さ5～25cmぐらい

コニシキソウ（P114）
トウダイグサ科
大きさ：地《ち》を這《は》う
茎《くき》は長さ10～20cmぐらい

サ

シロツメクサ（P126）
マメ科
大きさ：高さ5～15cmぐらい

ススキ（P108）
イネ科
大きさ：高さ100～200cmぐらい

スズメノカタビラ（P24）
イネ科
大きさ：高さ10～30cmぐらい

スミレ（P12）
スミレ科
大きさ：高さ10cmぐらい

スベリヒユ（P120）
スベリヒユ科
大きさ：地を這う
高さ15～30cmぐらい

ジュズダマ（P156）
イネ科
大きさ：高さ100～200cmぐらい

センダングサ（P60）
キク科
大きさ：高さ50～100cmぐらい

タ

タンポポ（P138）
キク科
大きさ：高さ10～30cmぐらい

チカラシバ（P102）
イネ科
大きさ：高さ60～80cmぐらい

チチコグサ（P72）
キク科
大きさ：高さ5～30cmぐらい

ツユクサ（P96）
ツユクサ科
大きさ：高さ30～50cmぐらい

ナ

ナズナ（P162）
アブラナ科
大きさ：高さ10〜50cmぐらい

ハ

ハス（P180）
ハス科
大きさ：高さ10〜35cmぐらい

ハハコグサ（P66）
キク科
大きさ：高さ10〜30cmぐらい

ハルジオン（ロゼット型）（P168）
キク科
大きさ：高さ30〜60cmぐらい

ホウキギク（P78）
キク科
大きさ：高さ50〜120cmぐらい

マ

マツヨイグサ（P48）
アカバナ科
大きさ：高さ20〜50cmぐらい

ミズアオイ（P144）
ミズアオイ科
大きさ：高さ20〜50cmぐらい

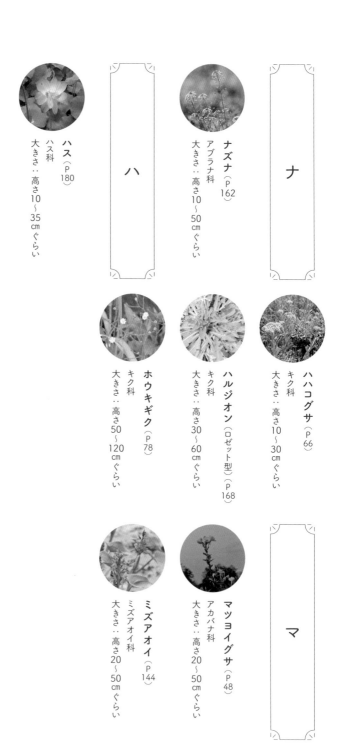

参考文献《さんこうぶんけん》

『草木の種子と果実』鈴木庸夫 著、高橋冬 著、安延尚文 著（誠文堂新光社）

『原色図鑑　芽ばえとたね』浅野貞夫 著（全国農村教育協会）

『子どもと一緒に覚えたい道草の名前』稲垣栄洋 監修、加古川利彦 絵（マイルスタッフ）

『子どもと一緒に見つける草花さんぽ図鑑』NPO法人自然観察大学 監修（永岡書店）

『子どもに教えてあげられる散歩の草花図鑑』岩槻秀明（大和書房）

『里山さんぽ植物図鑑』宮内泰之 著（成美堂出版）

『散歩が楽しくなる雑草手帳』稲垣栄洋 著（東京書籍）

『散歩で見かける草花・雑草図鑑』鈴木庸夫 写真、高橋冬 解説（創英社）

『たのしい草花あそび』佐伯剛正 著、川添ゆみ 絵（岩崎書店）

『野花で遊ぶ図鑑』おくやまひさし 著（地球丸）

稲垣栄洋《いながきひでひろ》

Hidehiro Inagaki

1968年《ねん》静岡県《しずおかけん》生《う》まれ。静岡大学大学院農学研究科《しずおかだいがくだいがくいんのうがくけんきゅうか》教授《きょうじゅ》。

農学博士《のうがくはかせ》。専門《せんもん》は雑草生態学《ざっそうせいたいがく》。

農林水産省《のうりんすいさんしょう》、静岡県農林技術研究所《しずおかけんのうりんぎじゅつけんきゅうじょ》などを経《へ》て、現職《げんしょく》。

著書《ちょしょ》に『生《い》き物《もの》の死《し》にざま』（草思社《そうししゃ》）、『身近《みぢか》な雑草《ざっそう》の愉快《ゆかい》な生《い》きかた』（ちくま文庫《ぶんこ》）、

『面白《おもしろ》くて眠《ねむ》れなくなる植物学《しょくぶつがく》』（PHPエディターズ・グループ）、

『弱者《じゃくしゃ》の戦略《せんりゃく》』（新潮社《しんちょうしゃ》）、『散歩《さんぽ》が楽《たの》しくなる雑草手帳《ざっそうてちょう》』（東京書籍《とうきょうしょせき》）など多数《たすう》。

子どもと楽しむ

草花のひみつ

2021年5月10日　初版第1刷発行

著　者

稲垣栄洋

発行者

澤井聖一

発行所

株式会社エクスナレッジ

〒106-0032　東京都港区六本木7-2-26

https://www.xknowledge.co.jp

問合先

編集 TEL.03-3403-6796 FAX.03-3403-0582

info@xknowledge.co.jp

販売 TEL.03-3403-1321 FAX.03-3403-1829